BIBLIOTHÈQUE DES ACTUALITÉS INDUSTRIELLES, N° 120

Manuel de l'Apprenti et de l'Amateur

Électricien

TROISIÈME PARTIE

Les Téléphones

privés et publics

PARIS

Librairie Bernard TIGNOL

PUBLICATIONS DE LA

LIBRAIRIE de l'ÉCOLE CENTRALE des ARTS et MANUFACTURES

53 bis, quai des Grands-Augustins, 53 bis

MANUEL

DE

L'APPRENTI ET DE L'AMATEUR

ÉLECTRICIEN

III

BIBLIOTHÈQUE DES ACTUALITÉS INDUSTRIELLES — N° 122

MANUEL

DE

L'APPRENTI ET DE L'AMATEUR

ÉLECTRICIEN

TROISIÈME PARTIE

LES TÉLÉPHONES PRIVÉS ET PUBLICS

PAR

Humbert ZÉDA

FIGURES 204 A 285

PARIS

LIBRAIRIE BERNARD TIGNOL

PUBLICATIONS DE LA

Librairie de l'École Centrale des Arts et Manufactures

53 *bis*, QUAI DES GRANDS-AUGUSTINS, 53 *bis*

LES TÉLÉPHONES

INSTALLATIONS PUBLIQUES ET PRIVÉES

POSE ET ENTRETIEN

CHAPITRE PREMIER

HISTORIQUE DU TÉLÉPHONE

La téléphonie embrasse tous les moyens par lesquels on parvient à transmettre la parole d'un point à un autre quand la distance entre ces points est trop considérable pour que la transmission puisse s'effectuer par l'air ou par tout autre moyen mécanique. C'est donc un procédé de communication télégraphique particulier qui permet à tout le monde, de la façon la plus commode, d'entrer en relation directe avec un correspondant éloigné, sans la moindre connaissance préliminaire d'électricité, ce qui n'est pas le cas avec le télégraphe dont la manœuvre exige des employés exercés. Au lieu d'appareils souvent très compliqués expédiant les signaux d'un alphabet conventionnel, on a affaire à des organes extrêmement simples dont on sait se servir après deux minutes d'explication, et c'est la parole même, et non sa traduction en un langage artificiel, qui est transmise et que l'on entend au poste d'arrivée.

Ce qui donne surtout au téléphone sa valeur, la cause primordiale de son succès universel, c'est qu'il permet l'échange de communications verbales directes entre les deux personnes ainsi mises en relations, alors même que ces interlocuteurs sont éloignés l'un de l'autre à des distances de plusieurs centaines de kilomètres. Il suffit, pour bénéficier de cet avantage, de cette énorme commodité ainsi apportée dans les relations quotidiennes, de posséder un appareil à peine plus volumineux qu'un encrier de bureau et relié par deux fils à un point central, où un personnel spécial est prêt à opérer, suivant la demande qui lui est adressée, la jonction avec la ligne de la personne avec qui on désire causer.

Les admirateurs de la première heure, tous ceux qui, au début, eurent foi dans l'avenir de ce merveilleux appareil qu'est le téléphone, n'auraient certes pas osé lui prédire le succès formidable, universel, qu'il a remporté. Les plus optimistes le voyaient se substituer au télégraphe, mais ne songeaient pas qu'il pourrait faire mieux et autre chose, car on ne le croyait pas capable d'établir une communication permanente entre des bureaux publics, et surtout entre les demeures particulières. Cependant l'extension prise par la téléphonie électrique s'explique. On est obligé d'aller chercher le télégraphe, il faut recourir à l'assistance d'un tiers qui traduit et transmet par des procédés spéciaux les termes de la correspondance ; le téléphone, lui, supprime tout intermédiaire, et l'on a la réponse en même temps que l'on cause, ce qui n'est pas le cas avec la dépêche télégraphique. Telles sont les causes de la prodigieuse fortune de ce procédé d'échange de conversations à distance ; télégraphe et téléphone ne sont pas des rivaux qui doivent se porter ombrage et se gêner l'un l'autre.

Chacun, dans sa sphère d'action, doit contribuer à satisfaire le besoin chaque jour plus impérieux de communiquer rapidement, il en résulte forcément un développement parallèle de tous les systèmes de correspondance.

Une installation téléphonique quelconque se compose donc en principe de trois parties essentielles et qui sont :

1° Le *transmetteur*, qui est soumis à l'action des ondes sonores et transforme celles-ci en énergie électrique ;

2° Le *récepteur* recevant, à la station d'arrivée, cette énergie électrique et qui la transforme en énergie mécanique sous forme d'ondes sonores, qui impressionnent le tympan de la même façon que le feraient les ondes sonores recueillies par le transmetteur.

3° La *ligne* de conducteurs qui réunit les deux appareils précédents et transforme l'énergie électrique de la station de départ à celle d'arrivée.

Enfin, dans les réseaux de distribution importants ou à grande distance, le *bureau central*, où s'effectuent les connexions entre les lignes des abonnés qui toutes aboutissent à ce bureau.

Si nous voulons retracer rapidement l'histoire de cette invention moderne, dans laquelle l'illustre physicien anglais sir W. Thomson, lord Kelvin, voyait dès son apparition en 1876 « la plus grande merveille télégraphique du siècle » suivant son expression, nous dirons que les tentatives faites pour transporter les sons à l'aide d'un moyen permettant d'augmenter considérablement leur portée, remontent déjà à une époque assez éloignée.

D'après M. Preece, le physicien Robert Hooke tentait déjà en 1667 des expériences de ce genre et employait à cet effet un fil tendu. Un siècle plus tard, un bénédictin, dom Gauthey, utilisait, pour transmettre au loin les ondes sonores, la canalisation en tuyaux de fer longue de plus de deux kilomètres, de la pompe à feu de Chaillot. En 1820,

Wheatstone, autre savant anglais employait dans le même but des verges de sapin bien droites appuyant sur une caisse de résonance par chacune de leurs extrémités, si bien que le son produit par des cordes vibrantes enfermées dans la première boîte était transmis par le bois et rendu parfaitement perceptible dans l'autre caisse. Wheatstone appela son appareil la *lyre magique*, et Robert-Houdin exhuma ce dispositif quarante ans après pour en faire le principe d'un tour à grand effet.

C'est vers l'année 1850 qu'apparut le jouet appelé *téléphone à ficelle*, basé sur les mêmes idées que les essais précédents, et qui démontrent que les ondes sonores qui servent à l'émission des mots, bien qu'excessivement petites, développent cependant assez d'énergie pour pouvoir circuler d'un bout à l'autre d'un fil tendu mesurant plus de cent mètres de longueur. La possibilité de transmettre ainsi non seulement des sons, mais des consonnes et des voyelles à d'assez grandes distances, fit l'objet des recherches d'Helmholtz qui firent époque dans la science. Le savant allemand démontra que, comme la parole articulée est formée de vibrations, il était possible de transmettre les consonnes, les voyelles, et par suite les paroles à un endroit assez éloigné de leur lieu d'émission à la condition d'employer un dispositif reproduisant le plus facilement possible les vibrations émises par la voix. Les plaques et membranes élastiques présentent justement à un haut degré cette propriété qui explique le fonctionnement du téléphone à ficelle, composé comme on sait de deux cornets de fer blanc, fermés par un bout par une membrane de parchemin, et réunis l'un à l'autre par un fil de coton ou une ficelle de chanvre ordinaire.

En 1837, deux physiciens américains, Page et Henry, firent connaître sous le nom de « musique galvanique » un phénomène assez intéressant qu'ils avaient observé. En faisant passer et en interrompant tour à tour le courant dans les spires d'un électro-aimant, devant les faces polaires duquel se trouvait une lame de fer mince, on donnait, paraît-il, naissance à des sons assez forts. Se basant sur ce phénomène, un maître d'école de Friedrischsdorf en Allemagne, Philippe Reis, imagina ce que l'on peut considérer comme le premier téléphone électrique, appareil qu'il présenta en 1861 à la Société Physique de Francfort-sur-le-Mein, mais qui tomba bientôt dans l'oubli, cette invention ayant été considérée comme une simple curiosité sans application pratique.

Le même sort avait accueilli dix ans auparavant, en France, les communications sur le même sujet d'un jeune savant, M. Ch. Bourseul, qui avait ébauché quelques expériences paraissant susceptibles de conduire au but rêvé, mais qui, n'ayant pu être poursuivies, restèrent inachevées.

En 1868, un certain Van de Weyde présenta au Cercle Polytechnique de Philadelphie un modèle de téléphone Reis perfectionné qui articulait, paraît-il, assez nettement, quoique sur un son faible et nasillard, les paroles prononcées. Mais, pas plus que les précédents, cet appareil ne retint longtemps l'attention, et il faut en arriver de suite à l'année 1876 pour trouver le problème entièrement résolu par Graham Bell. Jusque-là, tous les téléphones proposés ne transmettaient les ondes sonores que par des interruptions mécaniques du courant électrique et de fortes saccades dans ce courant, plutôt que par des ondulations correspondant avec l'intensité et l'amplitude des ondes sonores. D'ailleurs la chose paraissait impossible à réaliser aux physiciens de l'époque.

Graham Bell exhiba son appareil à l'Exposition Universelle de Philadelphie de 1876 et immédiatement ce système causa la plus vive sensation auprès du public, en raison de la faculté qu'il possédait de reproduire directement la parole à des distances relativement grandes.

Le téléphone de Bell (fig. 204), se distinguait de celui de Reis et des autres en ce qu'il possédait une membrane magnétique formée d'une très mince plaque de fer disposée à une très petite distance des pôles d'un électro-aimant. Cette membrane, d'après la théorie élémentaire émise à cette époque pour expliquer les effets observés, était mise en vibration par les ondes sonores de la voix et donnait naissance, par les lois de l'induction magnétique, à une série de

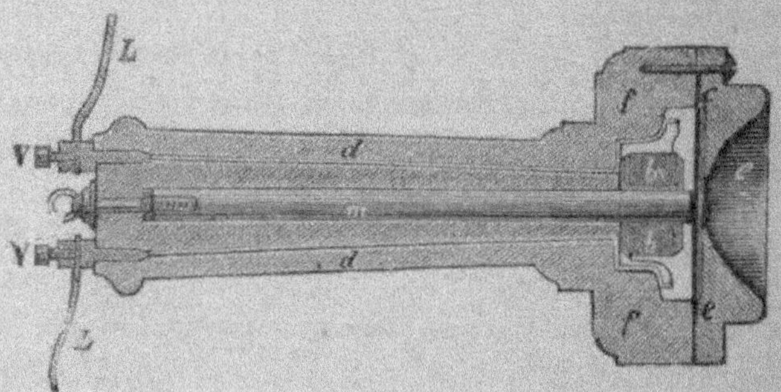

Fig. 204. — Coupe du téléphone Bell.

courants électriques circulant dans les enroulements de l'électro. Ces courants, à leur tour, venaient agir sur l'électro-aimant du téléphone placé à la station d'arrivée, lequel étant disposé dans les mêmes conditions, reproduisait les vibrations magnétiques qui lui étaient transmises. De cette façon, l'appareil d'audition, ou récepteur, reproduisait exactement les ondes sonores qui lui étaient envoyées par l'appareil parleur ou transmetteur. Toutefois ce dispositif n'était pas sans présenter un grave inconvénient. Comme le noyau de fer de l'électro, pour la réception et la réémission des effets magnétiques, ne pouvait avoir qu'une action très peu intense, il en résultait que le son était très faible à l'arrivée, ce qui rendait le téléphone peu pratique pour des communications à quelque distance. Aussi se vit-on obligé de chercher les moyens propres à augmenter la portée des transmissions et la puissance des sons reçus.

Tout d'abord on reconnut que, si le téléphone Bell était, dans son principe, bien construit pour l'ouïe, c'est-à-dire comme appareil récepteur, le transmetteur, l'appareil parlant, devait être construit tout différemment pour produire des effets plus énergiques, car l'induction étant très faible, la distance à laquelle la voix pouvait parvenir était forcément réduite.

On songea donc, en premier lieu, à utiliser, pour augmenter cette énergie, un principe mis en lumière en 1856 par l'électricien français M. du Moncel, qui l'avait énoncé comme suit :

« L'intensité d'un courant dans un circuit complété par un interrupteur, est très modifiée suivant le degré de pression exercé au point de contact des pièces conductrices de cet interrupteur. »

Cet effet s'observe très nettement sur le charbon ; les variations de pression qu'il subit influent beaucoup sur la conductibilité, et c'est ce principe qui fut mis à profit par Edison pour édifier un système de téléphone très supérieur à celui de Bell. Edison appliqua donc, sur la membrane d'un téléphone du système précédent, un fragment de platine ou de graphite fixé à l'extrémité d'un ressort. La transmission des ondes sonores, avec cet agencement, se trouva améliorée, toutefois on peut reprocher à ce système son insuffisante sensibilité.

Un progrès important dans la construction des appareils de transmission téléphonique, en ce qui concerne justement leur sensibilité, est celui qui a été réalisé en 1877 par l'américain Hughes, résidant en Angleterre. On l'a appelé le *microphone* (fig. 205 et 206).

Cet appareil est ainsi appelé parce qu'il permet d'entendre les bruits les plus faibles, à peine perceptibles pour les oreilles ordinaires, et qu'il a, par rapport à l'ouïe, une analogie avec le microscope par rapport à la vue. Le premier transmetteur de ce genre, construit par Hughes, consistait en un petit crayon de charbon, taillé en pointe à chacune de ses extrémités, et disposé verticalement, sans

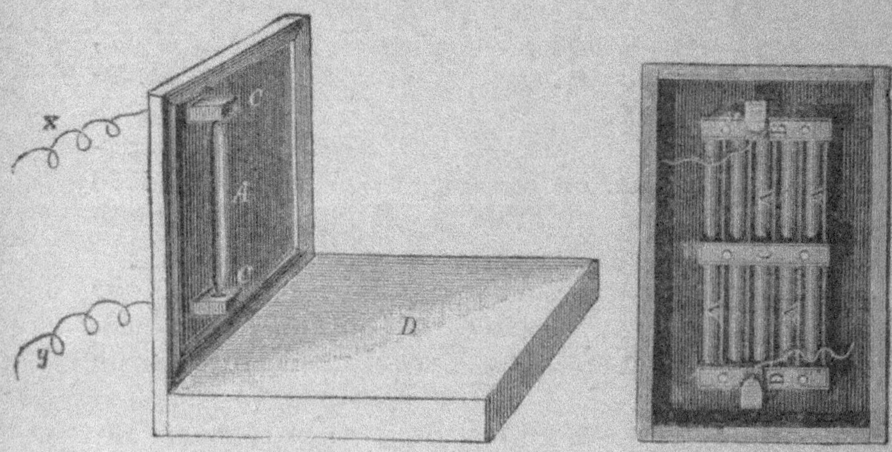

Fig. 205 et 206. — Microphone Hughes.

être serré, entre deux petits dés également en charbon fixés sur une planchette au-dessus d'une boîte faisant fonction de caisse sonore. Le crayon et ses supports sont intercalés dans le circuit d'une pile et d'un téléphone. Si la caisse est mise en vibration par des ondes sonores qui viennent la frapper, les contacts des pointes du crayon de charbon prennent également part à ces vibrations, et deviennent par suite plus ou moins étendus, de sorte que l'intensité des courants fournis par la pile subit des variations correspondant aux phases de vibration.

A la suite de recherches persévérantes entreprises par de nombreux chercheurs dans tous les pays, on a finalement reconnu que la membrane de fer du téléphone Bell n'était pas absolument nécessaire, et que l'on pouvait la remplacer par une plaque de cuivre, de bois, d'ébonite, etc., et même la supprimer complètement, bien que la clarté, dans la reproduction des ondes sonores fût plus grande avec une rondelle de fer. Ceci étant reconnu, on doit admettre que non seulement les vibrations de cette rondelle donnent naissance à des courants électriques ondulatoires dans les fils enroulés autour des électro-aimants, par suite des variations dans le champ magnétique, mais encore que les ondes sonores sont suffisantes par elles-mêmes pour faire varier cette énergie magnétique et produire seules des courants ondulatoires.

On peut dire que tous les transmetteurs téléphoniques actuels sont fondés sur le phénomène de la variation de résistance offerte au passage des courants électriques d'une pile par un contact imparfait intercalé dans le circuit. Le charbon est le corps le plus universellement employé dans la composition de ces contacts à cause de son inoxydabilité, de son infusibilité, de sa médiocre conductibilité, et de sa diminution de résistance avec la chaleur, et l'on peut dire que les appareils téléphoniques existant dans le commerce ne diffèrent les uns des autres que par le nombre de contacts imparfaits qu'ils renferment et leur mode de couplage ; leur principe est en réalité le même pour tous.

Les transmetteurs microphoniques peuvent être employés de deux manières, soit en circuit direct pour les communications à faible distance, soit en les munissant d'une bobine d'induction. Dans ce dernier cas le courant ondulatoire traverse le fil primaire de cette bobine, dont le secondaire est relié à la ligne et au récepteur qui est alors influencé par les courants induits. C'est cette dernière méthode qui est exclusivement appliquée pour les réseaux téléphoniques de quelque importance et les communications à grande distance.

Le fonctionnement de ces appareils est facile à comprendre : une personne parle devant la planchette du microphone ; les ondes sonores provenant de l'émission de la parole se propagent à travers l'air ambiant, viennent frapper la planchette qui reproduit dans ses vibrations toutes les qualités de l'onde dont elle devient en quelque sorte la continuation. Les charbons du microphone, solidaires de cette planchette, et ébranlés comme elle, subissent des altérations de contact d'où résultent des variations de résistance dans le circuit. Il y a donc eu, comme nous le disions plus haut, transformation de l'énergie des vibrations sonores en énergie de courants électriques.

Pour en revenir aux débuts du téléphone dans les usages, on peut dire qu'aucune invention n'obtint une fortune aussi rapide et aussi brillante. Quand parvint en Europe la nouvelle de cette création, il y eut d'abord un mouvement d'incrédulité, mais il fallut bientôt se rendre à l'évidence. L'Américain Graham Bell était bien réellement parvenu à découvrir la solution du problème du transport à toute distance de la parole, ainsi que de nombreuses expériences immédiatement répétées en fournirent la preuve indéniable.

Dans le but de vérifier quelle pouvait être la portée de ce nouvel appareil, on essaya, dès l'année suivante, en 1878, de communiquer par cette méthode entre Sangatte, située sur le rivage de la Manche, et Sainte-Marguerite, village d'Angleterre, de l'autre côté de la mer. Les résultats furent satisfaisants, et il fut démontré qu'il était possible de se servir des câbles sous-marins pour ce procédé de transport de la voix humaine.

A l'occasion de l'exposition de Munich, en 1882, on fit divers essais sur une distance de 540 kilomètres au moyen d'un circuit télégraphique mis à la disposition des expérimentateurs par l'administration de l'empire allemand. On parvint même à entendre nettement de Munich la voix de correspondants parlant à Dresde à la distance de près de 600 kilomètres. Le résultat de ces vérifications fut que la téléphonie, sur les lignes allemandes, devint un fait accompli longtemps avant qu'aucune ville, aucun gouvernement eût pris l'initiative de réaliser l'organisation du moindre réseau téléphonique.

En France, le gouvernement ayant décidé que le nouveau mode de correspondance serait monopole d'État, de même que tous les autres procédés de communication : poste, télégraphe, etc., il fut interdit aux particuliers de profiter de la nouvelle invention en faisant installer à leurs frais des lignes téléphoniques particulières. Le public se montrait d'ailleurs assez indifférent à ce nouveau système de correspondance, et tandis qu'à l'étranger les réseaux se créaient et prenaient de jour en jour une extension plus considérable, Paris ne se décidait que petit à petit, et encore aujourd'hui il reste la ville du monde où, par rapport au chiffre de la population, l'échange des communications téléphoniques est le moins intense et compte proportionnellement le moins d'abonnés.

Le téléphone constitue cependant un moyen d'échange des pensées vraiment merveilleux en raison de son instantanéité, et il est utilisé avec avantage non seulement par les commerçants et les industriels à qui son usage fait gagner beaucoup de temps et économise des frais de toute espèce, mais encore par les particuliers appartenant à toutes les professions. Aussi, presque toutes les grandes villes sont-elles dotées maintenant de réseaux souvent très importants, et, de plus, reliées entre elles par des lignes spéciales.

Des réseaux de lignes téléphoniques privées peuvent toutefois être concédés, en France, à l'industrie privée par l'administration, moyennant certaines redevances. Les concessions ont une durée de cinq années, et elles ne constituent en aucun cas un monopole au profit des concessionnaires, car l'administration se réserve toujours le droit de concéder de nouvelles lignes en concurrence avec celles précédemment établies.

L'État a fait établir de nombreuses lignes téléphoniques mettant en relations les principales villes entre elles. C'est ainsi que Paris peut communiquer aujourd'hui avec Lyon, Marseille, Bordeaux, Lille, le Havre, Toulouse, et avec certaines villes de l'étranger, telles que Bruxelles, Londres et Turin. L'honneur d'avoir mis le premier service téléphonique à grande distance à exécution revient à l'Amérique, qui est parvenue à faire communiquer ainsi Chicago et New-York, à plus de 1.500 kilomètres de distance. En Europe, c'est la Belgique qui a inauguré la méthode par la ligne Bruxelles-Anvers, à 44 kilomètres de distance. Peu après, l'Angleterre mettait en service la ligne Londres-Newcastle, dix fois plus longue. Aujourd'hui, la plus longue des lignes téléphoniques en usage sur le continent est celle de Paris-Milan, qui mesure près de 1.000 kilomètres de longueur.

Ainsi, le téléphone, auquel on ne croyait guère lorsqu'il fit son apparition, a donné en quelques années bien plus d'avantages que tout ce que ses débuts avaient pu laisser espérer à ses plus enthousiastes promoteurs, et ses applications se sont multipliées dans une proportion que l'esprit le plus optimiste n'aurait osé entrevoir. D'un côté, les gouvernements l'ont pris sous leur tutelle pour en faire un service public, comme le télégraphe, et, d'autre part, de nombreux industriels l'ont adopté pour leurs besoins particuliers dans le ressort de leurs propriétés ou de leurs établissements.

Nous sommes donc en présence de deux catégories bien distinctes d'installations. D'une part, les réseaux publics de distribution, avec bureaux centraux chargés d'opérer les connexions entre les fils de ligne des abonnés, suivant la demande de ceux-ci, et, d'autre part, les installations privées ne desservant que les postes disséminés sur le trajet d'une ligne particulière circulant dans des immeubles ou des propriétés particulières.

Nous étudierons successivement, dans ce volume, ces deux classes bien différentes d'installation de téléphones, de manière à bien mettre en lumière les règles à suivre pour ces travaux et tirer le meilleur parti possible de ce moyen si perfectionné de correspondance, si avantageux et d'ailleurs entré désormais dans les mœurs des peuples civilisés de tous les pays.

CHAPITRE II

MATÉRIEL ET APPAREILLAGE
POUR LES LIGNES TÉLÉPHONIQUES

L'appareillage nécessaire pour établir une communication téléphonique permanente consiste donc dans les objets suivants :

Au poste de départ, un *transmetteur* avec un *signal d'appel*, et, pour pouvoir entendre à son tour, un *récepteur*. Le poste d'arrivée est composé d'un matériel identique, et les deux postes sont reliés ensemble par une *ligne* de conducteurs, soit souterraine, soit aérienne.

Lorsqu'il s'agit d'une ligne très courte, ne dépassant pas quelques centaines de mètres, des téléphones électromagnétiques Bell peuvent suffire. L'appel peut s'effectuer soit au moyen d'une pile, soit avec une petite machine d'induction (magnéto), dont le courant, envoyé au moment voulu, est dirigé dans une sonnerie complétant le poste d'arrivée. Mais, puisqu'il est besoin d'une pile pour appeler l'attention du correspondant et le prévenir par un signal bruyant s'entendant d'assez loin qu'on désire lui parler, autant prendre dans tous les cas un microphone comme appareil transmetteur ; la parole parviendra beaucoup plus nettement à l'auditeur. Dans la pratique, on ne se sert même exclusivement que d'appareils micro-téléphoniques.

Dans le cas où il est nécessaire de donner une grande intensité aux vibrations sonores, lorsque les lignes présentent par exemple une grande longueur, il est avantageux de munir les transmetteurs d'une bobine d'induction parcourue par les courants de la pile, modifiés sous l'influence des vibrations de la planchette du microphone. Ce sont donc des courants induits de haute tension qui parcourent la ligne des conducteurs et agissent sur la rondelle des récepteurs. Mais cette bobine n'est réellement indispensable que pour les longs circuits.

Ainsi donc, on peut voir que le matériel pour la téléphonie usuelle n'est pas fort compliqué : une pile, une sonnerie et un appareil parleur et écouteur ; tel est, en principe, l'outillage d'un poste. Mais il nous semble utile de décrire avec quelques détails la construction des principaux systèmes d'appareils téléphoniques en service ou ayant reçu la consécration de l'expérience.

Appareil électro-magnétique G. Bell. — Ce type de téléphone est, ainsi que nous l'avons dit, réversible, c'est-à-dire qu'il peut servir indifféremment de transmetteur ou de récepteur. Il se compose (fig. 207-208) d'une boîte circulaire en bois, adaptée à l'extrémité d'un manche également en bois, et qui renferme dans son intérieur un barreau aimanté. Ce barreau est fixé à l'aide d'une vis et se trouve disposé de façon à pouvoir avancer ou reculer suivant que l'on serre ou desserre cette vis de réglage. En regard de l'extrémité libre du barreau se trouve la rondelle, et c'est sur cette extrémité du barreau que se trouve la bobine, enroulée de fil très fin pour donner le maximum de sensi-

bilité au téléphone, et qui transforme le barreau en électro-
aimant. Les deux extrémités du fil entourant la bobine sont
réunies par une torsade isolée, dans l'intérieur du manche

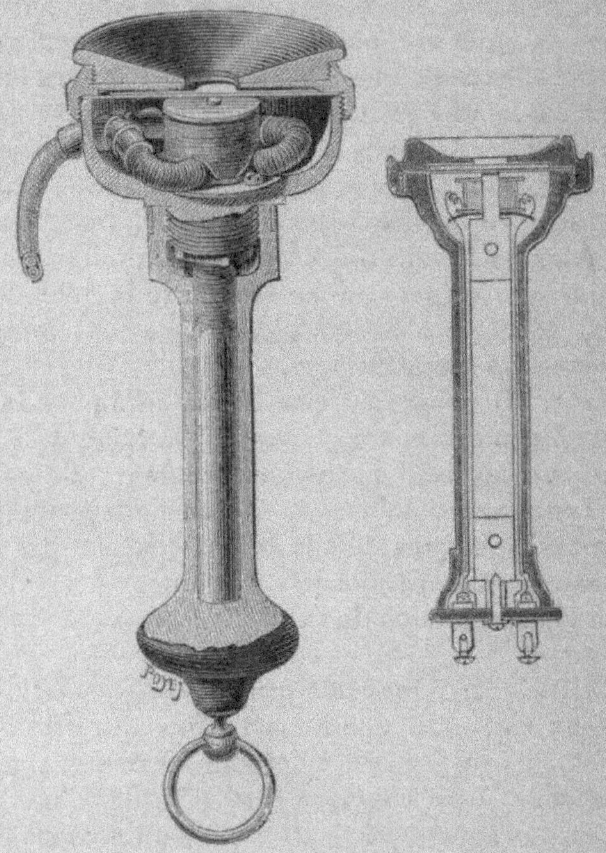

Fig. 207-208. — Coupe et schéma du téléphone Bell.

de bois, ou par des tiges de cuivre aux fils se rendant à
l'autre téléphone, placé à la station d'arrivée et jouant le
rôle de récepteur.

Au-dessus de l'extrémité polaire du barreau aimanté se
trouve la membrane ou rondelle vibrante, en fer, recou-

verte de vernis noir ou bleu, et qui présente une très faible épaisseur. Ce disque est appuyé par son bord sur une bague de caoutchouc qui embrasse tout son pourtour et l'applique fortement sur les bords circulaires de la boîte de bois qui est, à cet effet, formée de deux morceaux ajustés et serrés avec des vis à bois ou vissés l'un sur l'autre. La rondelle vibrante doit être le plus rapprochée possible de l'extrémité polaire de l'électro, mais pas assez cependant pour que ses vibrations puissent amener un contact fortuit entre ces deux pièces. Enfin, l'embouchure devant laquelle on parle a la forme d'un entonnoir très évasé surmontant la face supérieure de la boîte et disposée de manière à laisser un certain vide entre la rondelle et les bords de l'ouverture circulaire. La capacité intérieure de la boîte contenant la membrane vibrante et l'électro doit être calculée de manière à pouvoir jouer le rôle de caisse sonore sans cependant provoquer d'échos ni d'interférences de sons. Lorsque l'appareil est construit avec soin, il présente une grande sensibilité, et, employé comme récepteur, il articule très nettement, surtout si la ligne n'est pas trop longue.

Pour se servir plus commodément du téléphone Bell, il convient d'avoir à chaque poste deux appareils identiques, afin d'en tenir constamment un à l'oreille tandis que l'on parle distinctement, et en articulant bien, devant l'embouchure de l'autre. Il existe, du reste, des différences considérables dans le pouvoir de transmission téléphonique des voix. Suivant l'électricien anglais Preece, crier ne sert de rien ; il faut, pour obtenir une transmission convenable, que l'intonation soit claire, la diction parfaite, que les sons émis se rapprochent enfin le plus possible des sons musicaux.

Poste microphonique Ader. — Le microphone ne peut servir, ainsi que nous l'avons expliqué dans le chapitre

précédent, que de transmetteur, tandis que le téléphone
Bell peut être indifféremment employé dans l'un ou l'autre
but. On a cependant essayé de le perfectionner, et, parmi

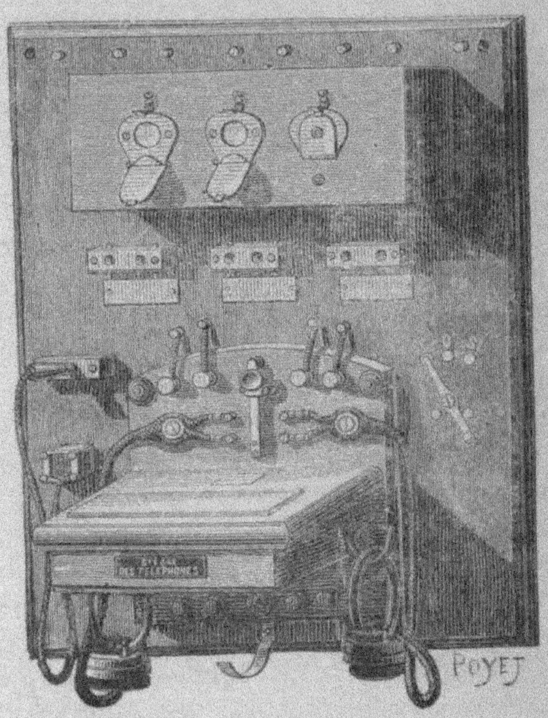

Fig. 209. — Poste microphonique Ader
avec annonciateur à 3 guichets.

les modèles de récepteurs les plus estimés, nous devons
citer ceux d'Ader et de Gower.

Dans le téléphone Ader, l'inventeur, au lieu de laisser
inactif un des pôles de l'électro-aimant, comme dans le
système Bell, réunit ces deux pôles et donne à son aimant
la forme d'un anneau, qui peut en même temps servir de
poignée pour saisir l'appareil. Sur les extrémités polaires

de cet anneau sont vissés deux noyaux de fer doux servant
d'axes à des bobines. Une boîte circulaire est disposée au-
dessus de l'aimant ; elle contient ces bobines, ainsi que la
rondelle vibrante, et son ouverture est entourée d'un cornet
en ébonite que l'on applique contre le pavillon de l'oreille
pour écouter (fig. 210 et 211).

Le transmetteur microphonique Ader (fig. 209) présente

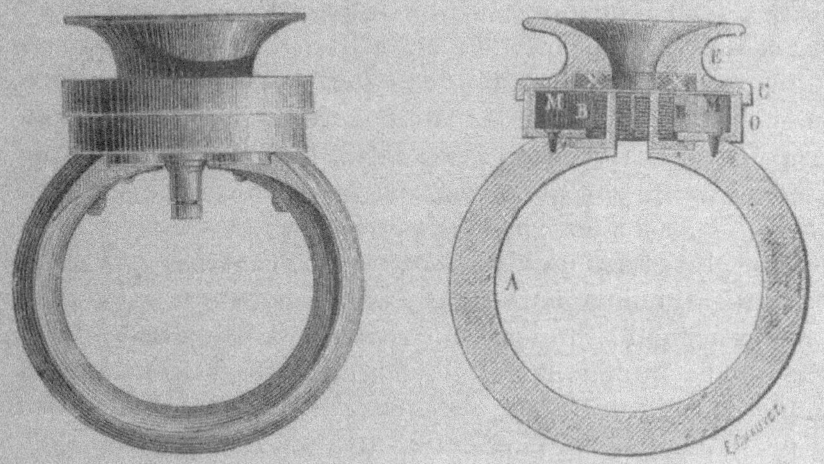

Fig. 210-211. — Ensemble et coupe du récepteur Ader.

l'aspect extérieur d'un pupitre dont le couvercle est formé
d'une planchette mince de sapin, sous la face intérieure de
laquelle le microphone se trouve attaché. Ce dernier se
compose d'une sorte de gril dont les montants et les bar-
reaux sont constitués par trois prismes de charbon et dix
crayons de même substance. Ces derniers peuvent remuer
librement dans les trous où ils reposent.

Les deux téléphones récepteurs sont accrochés de chaque
côté du transmetteur microphonique ; le crochet de gauche
est composé d'un levier mobile et muni d'un ressort de

rappel qui l'oblige à basculer, lorsqu'on décroche le récepteur et à venir au contact d'une pièce métallique en fermant ainsi le circuit qui, à l'état de repos, se trouve fermé sur la sonnerie. Ce levier est donc, en réalité, un commutateur automatique à deux directions envoyant le courant, soit dans la sonnerie, soit dans les récepteurs (fig. 211).

Téléphone Gower. — Ce modèle, inventé par l'Américain Gower, collaborateur de Graham Bell, attira l'attention lors de sa présentation en raison de la reproduction puissante de la parole qu'il donnait et qui était perceptible à une certaine distance de l'oreille. Mais il possédait, en revanche, une trop grande sensibilité et ne conservait que d'une façon intermittente toute sa capacité d'action. Aussi, bien que les ondes sonores reproduites par cet appareil fussent plus fortes que celles provenant d'autres systèmes, elles étaient moins distinctes et produisaient un son métallique désagréable qui a fait abandonner ce dispositif.

L'aimant du téléphone Gower présente la forme d'un demi-cercle (fig. 212) et se recourbe vers le centre où il reçoit deux bobines d'induction ovales. Ainsi agencé, cet aimant présente une force attractive telle qu'il peut supporter un poids de 5 kilogrammes ; il est enfermé dans une boîte cylindrique fermée en avant par un couvercle pourvu d'une membrane, de sorte que les pôles magnétiques se trouvent tout près du milieu de cette membrane.

Cette membrane, d'un diamètre relativement grand, se trouve solidement fixée par ses bords au couvercle de la boîte, son épaisseur est plus forte que dans les autres téléphones.

L'appel, dans le téléphone Gower, est assez original ; il se compose (fig. 213) d'une anche libre, analogue à celles qui sont employées dans les accordéons, et qui est fixée derrière une fente pratiquée dans la membrane sur une

pièce transversale. Pour faire résonner cet appel, il existe
derrière la boîte du téléphone un tuyau souple, analogue à
un tube acoustique de porte-voix, dans lequel on souffle
fortement, ce qui fait résonner la languette comme une
trompe d'automobile. Les vibrations de cette languette se

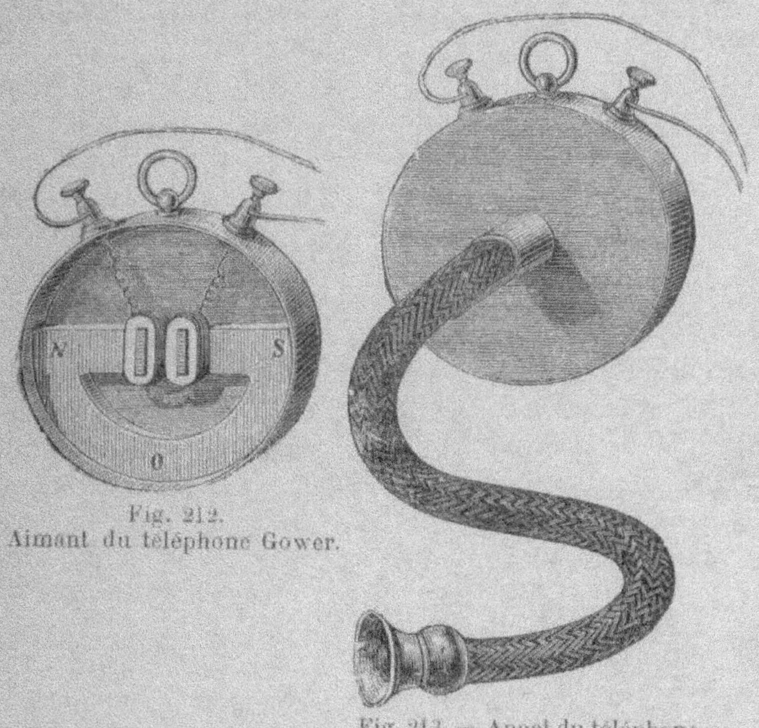

Fig. 212.
Aimant du téléphone Gower.

Fig. 213. — Appel du téléphone
Gower.

communiquent à la membrane et donnent naissance à des
courants d'induction intenses qui produisent dans le récepteur, par suite des vibrations de sa propre membrane, un
son relativement fort. Pour parler ensuite, on peut se servir
du tuyau à porte-voix qui concentre et conduit les sons
jusqu'à la membrane.

Téléphone d'Arsonval. — Pour concentrer la puissance magnétique de la façon la plus avantageuse, le D‍ʳ d'Arsonval a donné à l'aimant de son téléphone une

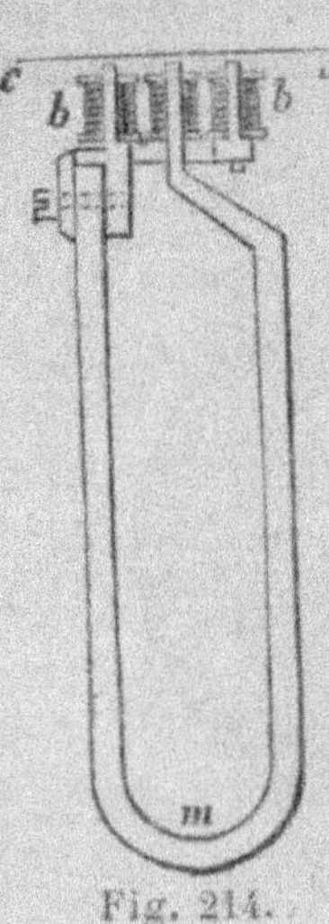

Fig. 214.

courbure qui rappelle celle de l'aimant du récepteur d'Ader. Sur un des pôles (fig. 214) est disposé un noyau cylindrique de fer doux servant d'axe à la bobine qui est munie d'un disque de fer à sa partie inférieure. Autour de cette bobine se trouve une enveloppe de fer qui est réunie avec l'autre pôle magnétique et constitue le deuxième pôle qui a ainsi l'aspect d'un anneau. De cette manière, on obtient un soi-disant écran magnétique entourant concentriquement l'autre pôle, et on utilise beaucoup mieux, à ce qu'affirme du moins le savant académicien, le courant circulant dans la bobine. Avec un poids inférieur à celui des récepteurs similaires et une bobine à fil beaucoup plus court, le téléphone d'Arsonval ne pèse que 125 grammes et n'a que 20 ohms de résistance, — l'action est plus forte même que dans le modèle de Gower et, par suite, la reproduction des mots est beaucoup plus distincte et plus claire.

Élisha Gray. — Ce type appartient à la catégorie des téléphones composés, dans lesquels la combinaison de deux membranes avec un porte-voix accroît considérablement la puissance du son. Dans le modèle d'Élisha Gray, les deux appareils associés (fig. 215) sont accolés sous un angle aigu et reliés chacun par un tuyau particulier au porte-voix. Les deux téléphones ont un aimant commun en acier, recourbé en cercle, qui pénètre dans chacune des boîtes des deux téléphones par une plaque polaire portant la bobine. La membrane vibrante se trouve placée à angle droit du porte-voix et maintenue par un couvercle vissé.

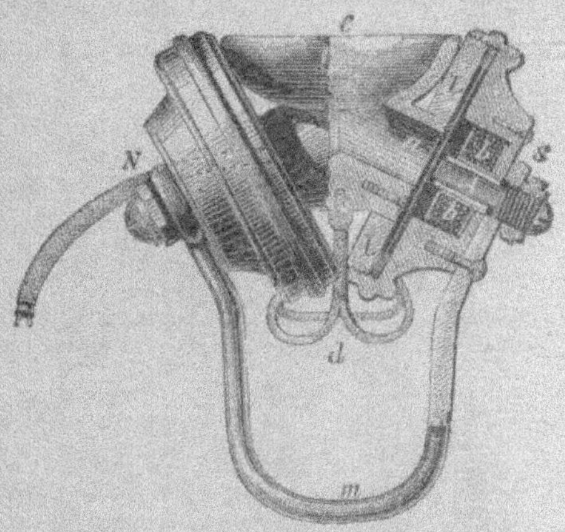

Fig. 215. — Téléphone Elisha Gray.

Boisselot. — Ce récepteur électro-magnétique, présenté en 1886 à la Société internationale des Électriciens, donnait des résultats remarquables comme intensité et netteté. Il se composait, comme le précédent, de deux plaques vibrantes et d'un aimant recourbé en demi-cercle et fixé par ses faces polaires à la cuvette du téléphone par deux oreillettes, de façon à ne pas toucher les noyaux des bobines rivées à la plaque inférieure qui est en matière isolante. Les deux faces polaires de l'aimant se trouvaient placées en regard des deux noyaux de fer, à un écartement convenable, et l'aimantation produisait son effet maximum.

Trouvé. — Ce téléphone possède, lui aussi, deux membranes vibrantes disposées de la manière suivante : entre ces membranes, dont la première est évidée par un trou central et l'autre qui est pleine, se trouve l'aimant de forme tubulaire et qui se trouve enveloppé sur toute sa longueur par la bobine, autour de laquelle sont placées un certain nombre de bagues en tôle ayant pour but de contribuer à fortifier les effets de l'induction sur la rondelle. L'ensemble de l'appareil est enfermé dans une boîte en bois cylindrique, munie des deux côtés de porte-voix de forme plate. Si l'on parle devant l'ouverture du cornet, les ondes sonores vibrent contre le bord de l'ouverture de la première mem-

Fig. 216. — Electrophone Maiche.

brane percée, la mettent en vibration à son tour, puis pénètrent dans l'aimant tubulaire, arrivent à la membrane pleine en y excitant des oscillations isochrones. Il résulte de cet effet sur l'aimant une double action d'induction qui est transmise à la bobine par les courants induits qui sont d'autant plus énergiques que les lamelles de fer en forme d'anneaux augmentent les actions produites dans les pôles opposés, ce qui a toujours lieu avec les aimants droits, dont le pôle inactif est muni d'une armature. Ce modèle a remplacé l'*électrophone* (fig. 216), auquel il est du reste très supérieur.

Si nous voulons maintenant résumer cette étude des principaux systèmes de téléphones, nous constaterons que l'appareil original de Bell pris dans son action comme instrument récepteur, comme téléphone auditif, n'a pas reçu, en réalité, de grands et réels perfectionnements depuis 1877, année de sa création. Les améliorations apportées à son mécanisme ne dépendent véritablement que du soin et de l'exactitude apportés dans sa construction. On l'a fabriqué plus solidement avec des matériaux de choix, on l'a pourvu d'aimants plus énergiques, mais c'est toujours, et quoi qu'on fasse, l'admirable et si simple instrument qui nous est venu d'Amérique. Certains inventeurs ont pu augmenter la sonorité par des dispositions nouvelles données à ses diverses parties constitutives, mais l'expérience a montré que la sonorité du téléphone ne peut être obtenue qu'aux dépens de la clarté de l'articulation, et, sauf dans certains cas particuliers, les téléphones dits *haut-parleurs* n'ont pas obtenu le succès qu'ils pouvaient espérer.

Nous devons encore parler, pour donner un aperçu général de la question, et après ces variantes de téléphones reproducteurs du son, des téléphones spécialement employés pour la transformation des ondes sonores en ondes électriques, ou *transmetteurs*.

Il n'est plus fait usage aujourd'hui que de transmetteurs microphoniques, à contacts de charbon, et l'on peut croire que l'imagination des inventeurs s'est épuisée sur les combinaisons données aux contacts imparfaits, à leur nombre, leurs points d'appui, leur liaison, etc. En principe, d'ailleurs, aucun instrument de physique n'est plus simple que le microphone. Deux clous ou deux crayons de charbon posés à plat sur une table, un troisième couché en travers sur les deux premiers et voilà un microphone que l'on peut parfaitement mettre dans le circuit d'un téléphone récepteur.

L'air seul peut même servir de téléphone ou de microphone, au choix. En effet, ayant un récepteur téléphonique à l'oreille, si vous parlez devant vous dans le vide, votre correspondant vous entendra quand même, car le téléphone qui est appliqué contre votre oreille sert de caisse sonore et se trouve impressionné par la voix qu'il transmet ainsi à l'autre poste. De même, la main appliquée sur l'oreille remplace très bien un récepteur, et, si deux personnes saisissent dans une main les conducteurs de la ligne et appuient leur autre main sur vos oreilles, vous entendrez cependant très distinctement les paroles prononcées devant les trois clous par exemple, à plusieurs kilomètres de là.

Mais on conçoit que, dans la pratique, ces procédés seraient un peu insuffisants, de même que la suppression de tout conducteur entre les postes en correspondance et leur remplacement économique par des prises de terre, ou mieux des liaisons avec des masses métalliques : conduites d'eau ou de gaz, etc. On parviendrait peut-être à échanger des communications, mais certainement d'une manière bien imparfaite.

C'est pourquoi on fait usage d'appareils micro-téléphoniques fabriqués avec non moins de soin et d'attention que les récepteurs décrits plus haut. Nous avons déjà donné la description du système d'Ader adopté sur les réseaux téléphoniques de l'Etat, et nous nous bornerons à quelques considérations générales sur les appareils actuellement en service.

Remarquons en passant que, quand on parle devant la planchette d'un microphone, les variations de résistance dans le circuit ne dépassent pas plus de quelques ohms. Si la ligne a peu de longueur et présente une faible résistance, ces variations suffisent pour qu'un téléphone inter-

calé dans le circuit parle assez fort ; mais, si l'on augmente
la longueur de la ligne, la variation de résistance devient

Fig. 217. — Ensemble des organes d'un poste
téléphonique à 6 directions avec sonnerie et tableau.

une fraction de plus en plus petite de la résistance totale,
et l'effet produit sur la réflexion diminue dans le même

rapport. On peut remédier, jusque dans une certaine mesure, à cet inconvénient en augmentant le nombre des éléments de pile, mais lorsque le microphone est destiné à travailler sur diverses lignes de longueurs très inégales, le courant devient trop intense pour les postes les plus rapprochés et trop faible pour les plus éloignés. C'est pourquoi ce dispositif ne convient que pour des installations de peu d'importance et des lignes très courtes (fig 217).

Les microphones doivent présenter la plus grande résistance électrique possible, et c'est pourquoi beaucoup d'électriciens préfèrent utiliser, au lieu des crayons de graphite de Hughes et d'Ader, des poudres ou des granules de charbon sur lesquelles le diaphragme vient s'appuyer. Quand un certain nombre de lignes téléphoniques viennent aboutir à un point central où l'on installe le bureau central chargé des communications, on peut placer à ce bureau une seule et unique batterie de piles qui desservira toutes les lignes. Un jeu de rhéostats permettra d'égaliser les résistances et de donner à toutes les lignes, quelle que soit leur longueur, la même résistance.

On a reconnu qu'il y avait avantage à adjoindre au microphone une petite bobine d'induction. Le courant émanant de la batterie ne passe donc pas directement dans la ligne, et la bobine joue le rôle d'un transformateur statique. Le circuit primaire de cette bobine est fermé sur le contact microphonique et la pile, tandis que le circuit secondaire, à fil fin, comprend les téléphones récepteurs et la ligne reliant ceux-ci à la station d'expédition. Lorsque le courant ondulatoire, modifié par le microphone, traverse le circuit primaire de la bobine, il aimante le noyau de fer doux de celle-ci, et l'intensité d'aimantation est fonction de l'intensité du courant: les variations du magnétisme induisent à leur tour dans le fil fin des courants ondulatoires qui correspondent exactement aux ondes du courant primaire. Le noyau des bobines est fabriqué avec du fer aussi bien recuit que possible pour éviter les effets de self-induction qui contrarieraient l'influence magnétique.

Il existe, entre les courants induits dans la bobine et ceux du circuit microphonique, deux différences essentielles. Le courant qui traverse le microphone a toujours la même direction : c'est son intensité seule qui varie. Il n'en est pas de même pour les autres : ils changent constamment de sens et de direction ; chaque onde se compose de deux parties, le courant est positif dans l'une, négatif dans l'autre, le premier correspondant à un accroissement, le courant négatif à une diminution de l'intensité dans le circuit primaire compressant le microphone. Les courants induits présentent donc, comme les courants téléphoniques, un déplacement de leur phase à une demi-période. Or les courants alternatifs sont surtout avantageux au point de vue du fonctionnement du récepteur, attendu que, pour des courants de même sens, la sensibilité de la membrane téléphonique varie avec l'intensité de ces courants. L'emploi de la bobine d'induction présente donc cet autre avantage qu'il permet d'améliorer la qualité de la transmission téléphonique et d'avoir, à l'arrivée, une articulation nette et forte.

Dans les transmetteurs à charbon, ou microphones, la reproduction de la voix et des sons s'effectue donc par les variations de résistance qu'éprouvent ces contacts sous l'influence des vibrations agissant sur le diaphragme ou sur la planchette reliée aux charbons. Les recherches faites sur ce sujet par l'électricien belge Van Rysselberghe l'ont amené à conclure que ces variations ont d'autant plus de valeur relative que la résistance du circuit est plus faible et que les variations de courant qui en résultent sont plus considérables. Ces observations ont été mises à profit dans l'agencement d'un microphone particulier, et qui permet d'établir des communications à des distances dépassant plusieurs centaines de kilomètres.

Les modèles de postes micro-téléphoniques sont très nombreux, et nous aurons l'occasion de revenir sur leur composition dans le chapitre suivant. Nous ne décrirons

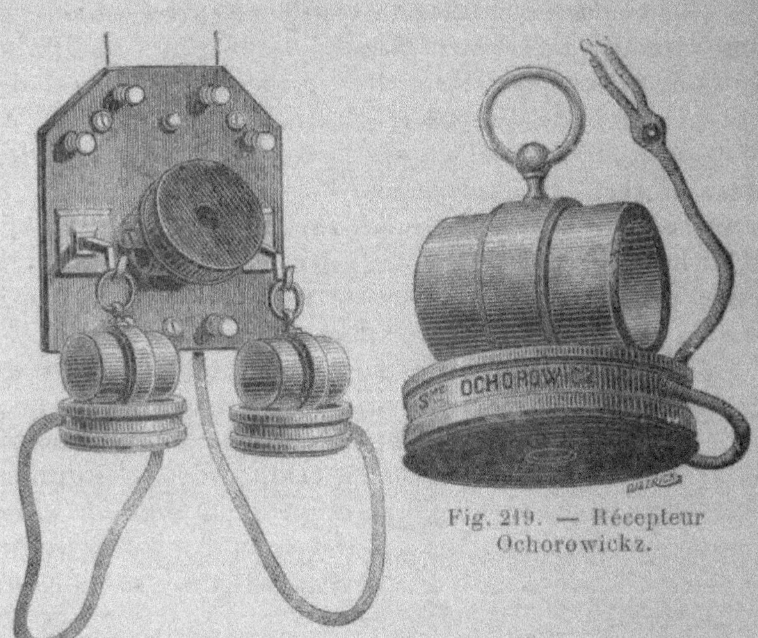

Fig. 219. — Récepteur
Ochorowickz.

Fig. 218. — Poste de thermomicrophone Ochorowickz.

donc, avant de clore celui-ci, qu'un type très intéressant, inventé par M. Ochorowickz, qui lui avait donné le nom de *thermomicrophone* (fig. 218 et 219), et qui fournissait d'excellents résultats, surtout au point de vue de la netteté des sons obtenus et de leur intensité.

Le transmetteur, dans ce système, était composé d'une agglomération de poussières métalliques formant le circuit et modifiant la circulation du courant en raison des variations du champ magnétique produites par l'action du courant. Cette disposition présente une grande sensibilité et permet de supprimer la bobine d'induction. C'est donc le courant de départ qui actionne directement le récepteur, et grâce à ce dispositif on n'a pas à craindre les pertes de courant sur les lignes, quelle que soit leur longueur.

Telles sont les lois générales qui président à la construction des appareils téléphoniques transmetteurs et récepteurs. Il nous a paru nécessaire d'entrer dans quelques détails pour montrer nettement les principes sur lesquels se base le fonctionnement de ces divers organes, que nous nous sommes donné la tâche d'étudier dans ce volume.

CHAPITRE III

LES TÉLÉPHONES DOMESTIQUES

Avant d'aborder l'étude des réseaux de téléphones privés et des installations particulières, il nous paraît utile de donner au lecteur quelques indications qui puissent le guider, le cas échéant, dans le choix des appareils qui pourraient lui être nécessaires. Or il existe dans le commerce une multitude de modèles de toutes les formes et à tous les prix. Quelques-uns sont très recommandables ; d'autres, au contraire, laissent souvent à désirer.

Parmi les premiers nous devons particulièrement citer ceux de la Société Industrielle des téléphones, de Mildé, de Berliner, de Postel-Vinay, de Radiguet, etc., reconnus depuis très longtemps comme excellents, en raison de la simplicité de leur construction qui diminue les risques de détérioration et d'usure, et de leur bon fonctionnement sans vérifications ni réglages continuels.

Le poste micro-téléphonique Mildé se compose, en principe (fig. 220), de petits crayons de charbon disposés entre les deux moitiés d'une petite boîte métallique G, et qui sont isolés de cette dernière par plusieurs épaisseurs de papier paraffiné. La boîte est remplie presque entièrement de grenaille de charbon de cornue concassé. L'un des deux crayons est fixé avec de la colle forte au centre de la membrane vibrante M, laquelle est composée d'une mince lamelle de bois, et tous les deux sont en communication, à l'aide de conducteurs souples, avec le circuit extérieur.

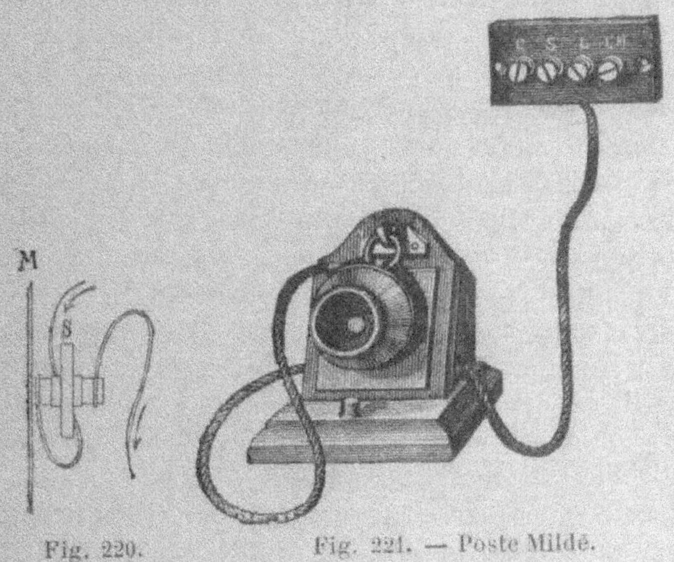

Fig. 220.   Fig. 221. — Poste Mildé.

A l'état ordinaire, il ne passe dans le microphone qu'un courant très faible à cause de la nature semi-conductrice de la nature employée pour le contact, mais quand on parle devant la planchette, les vibrations produites par les diverses inflexions de la voix la font osciller à l'unisson, et, en même temps qu'elle, le petit crayon de charbon qui s'y trouve collé. En vertu de l'inertie la partie postérieure de la boîte et son crayon vibrent avec beaucoup moins de force que la partie antérieure ; il en résulte une dépression microscopique de la boîte S et en même temps une légère compression dés grains de charbon; le contact entre les deux parties augmente donc de surface, et la résistance diminuant, le courant acquiert par ce fait plus d'intensité.

A l'arrivée dans le récepteur, le courant agit donc d'autant plus énergiquement que la voix de la personne qui parle est plus haute, et que l'amplitude des mouvements de la boîte microphonique, au départ, est plus grande.

Comme ces variations dans l'intensité du courant sont synchrones avec celles produites par les sons vocaux, la membrane du téléphone récepteur va vibrer à l'unisson, en donnant naissance à des ondes sonores qui reproduiront exactement celles reçues par la lamelle du microphone.

Les divers modèles de postes téléphoniques construits par la maison Mildé sont très élégants d'aspect. La plupart sont disposés de façon à ce qu'on puisse les déplacer aisément quand ils sont placés sur une table ou un bureau. D'autres sont plutôt destinés à être fixés aux murs ou à reposer sur une petite étagère. La forme générale de ces appareils est celle d'un porte-montre, et l'analogie avec ce dernier objet est même frappante; le récepteur, de forme cylindrique avec une bélière de suspension, se trouvant accroché, au repos, sur le transmetteur dans la position d'une montre sur la tablette inclinée du porte-montre (fig. 221).

Le récepteur est du type unipolaire; l'aimant affecte une forme hélicoïdale; il est protégé par une boîte de cuivre jaune portant une embouchure évasée, ou pavillon en ébonite que l'on applique contre l'oreille.

Le bouton d'appel, dans les postes système Mildé, se trouve au-dessous de la lamelle de bois du microphone; les bornes sont placées, dans le type sans sonnerie, dans l'ordre suivant : charbon, sonneries, lignes, charbon, microphone, ordre qui est maintenu invariablement dans tous les appareils de la même série, pour faciliter le montage dans les installations simples. On peut cependant, dans ces appareils, réunir ensemble les deux bornes positives ainsi qu'on peut le remarquer dans la figure schématique reproduite plus loin.

M. Radiguet fils, le constructeur-électricien bien connu

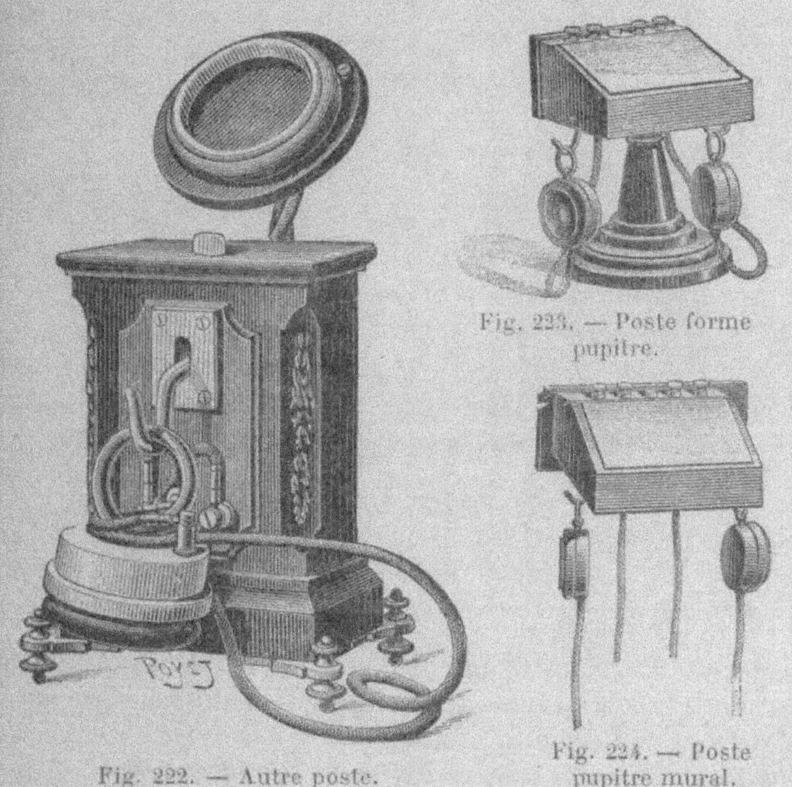

Fig. 223. — Poste forme pupitre.

Fig. 222. — Autre poste.

Fig. 224. — Poste pupitre mural.

est parvenu à établir dès l'année 1879 un système de télé phone basé sur les principes émis par le physicien Ch. Bourseul en 1856, c'est-à-dire sur la transmission exacte des ondes sonores par l'interposition, dans le circuit d'une pile, de matières pulvérulentes semi-conductrices. Les modèles construits par Radiguet d'après ces principes sont élégants d'aspect et à la fois très simples et très sensibles.

De plus, leur prix modeste les recommande tout spécialement pour les applications domestiques.

Le microphone se compose essentiellement de deux pastilles de charbon serties dans les deux moitiés d'une petite
boîte anéroïde en métal, et chacune de ces pastilles est isolée du métal au moyen d'une rondelle de papier gris paraffiné. La boîte est remplie, jusqu'aux cinq sixièmes de sa

Fig. 225 et 226. — Modèles de postes téléphoniques complets.

capacité, de granules de coke tamisé. L'une des pastilles
est fixée derrière la planchette de sapin, et une gorge pratiquée autour de cette pastille sert à l'attache des fils conducteurs amenant le courant ; enfin les faces des pastilles
qui regardent le coke sont striées pour mieux assurer leur
adhérence avec la grenaille.

L'appareil étant ainsi décrit, examinons son fonctionnement à l'état de repos. Lorsque le récepteur est décroché,
le courant passe en faible quantité, par suite de la nature
semi-conductrice de la grenaille de charbon, mais si l'on
vient à parler, l'effet suivant se produit : les vibrations de
la voix seront recueillies et répercutées par la planchette

de sapin qui entraîne dans ses mouvements d'oscillation la pastille adhérente à sa face postérieure, ainsi que la paroi métallique dans laquelle cette dernière est sertie ; il y aura un recul. En même temps, la paroi de la boîte vibrera et il en résultera de ces mouvements successifs un aplatissement microscopique de la boîte anéroïde, une compression des grenailles, et par suite une augmentation des surfaces

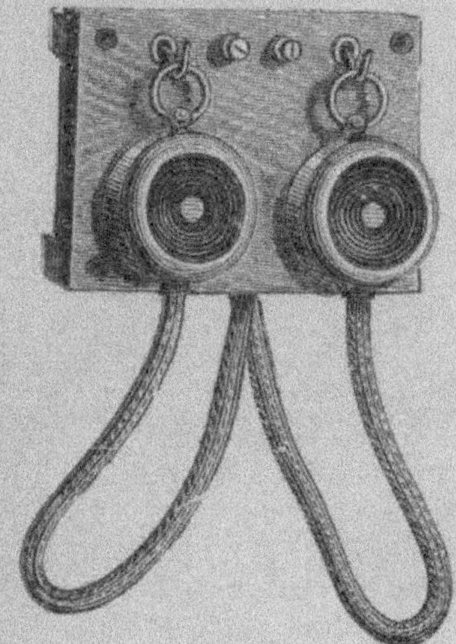

Fig. 227. — Poste téléphonique avec récepteur et transmetteur forme montre.

de contact. Le courant passera donc en plus grande quantité dans la ligne et attirera d'autant plus énergiquement le diaphragme du récepteur correspondant que la parole aura été plus sonore, la vibration plus rapide, et la compression plus énergique.

Quand les postes téléphoniques doivent desservir des lignes d'une certaine étendue, il est nécessaire, pour assurer le fonctionnement des sonneries d'appel, de faire usage d'une batterie de piles assez puissante, mais il faut que nous fassions remarquer à ce sujet que le courant fourni par une semblable batterie peut être nuisible à la transmission de la parole, car un courant trop intense cause des bruits désagréables, des craquements, des crépitements qui troublent l'audition et l'empêchent de s'effectuer distinctement. Il faut donc proportionner l'intensité du cou-

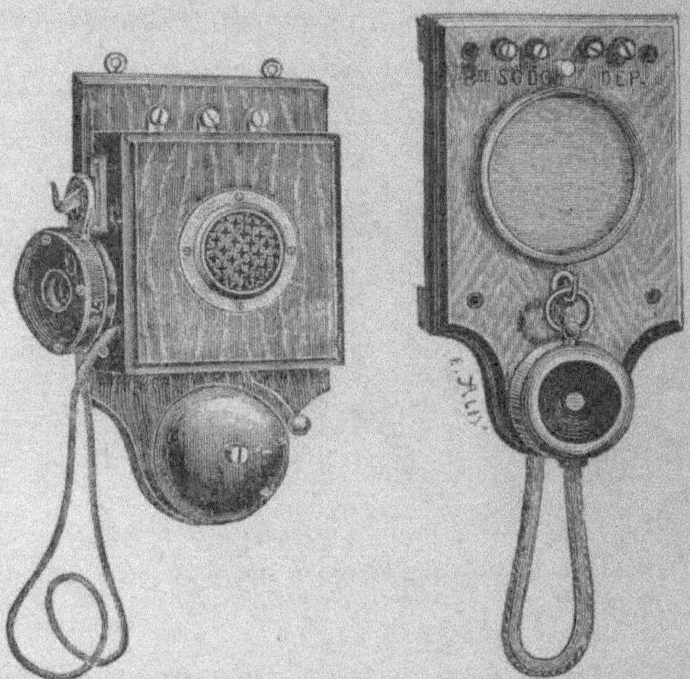

Fig. 228. — Poste Mildé.   Fig. 229. — Poste mural.

rant juste aux exigences du microphone, et pour cela, prendre la précaution de réunir le charbon de la planchette avec un des pôles charbons (positif) de l'un des éléments de la pile, de façon à ne faire travailler que trois ou quatre éléments en tension seulement lorsqu'on échange une communication téléphonique, tandis que la batterie toute entière travaille pour actionner la sonnerie du correspondant.

Dans presque tous les modèles d'appareils téléphoniques un commutateur automatique, muni d'un crochet auquel on suspend l'un des récepteurs, sert à établir à volonté la

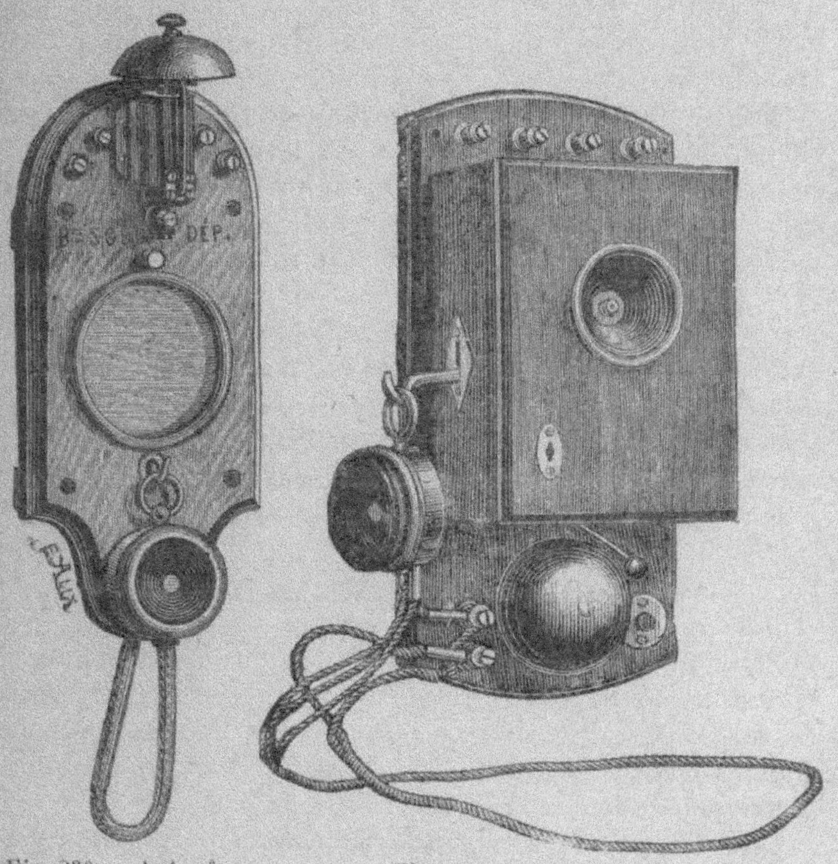

Fig. 230. — Autre forme
de poste mural.

Fig. 231 — Poste Richard.

communication avec la sonnerie ou avec le microphone du poste d'arrivée. Les postes de la maison Mildé sont complétés par de petites étagères munies d'une sonnerie (fig. 228), si bien que l'ensemble de ces appareils forme un tout complet, artistiquement agencé. Etant donné cependant les petites dimensions et la légèreté de ces petits meubles, il semble préférable de mettre les sonneries à quelque distance du poste transmetteur-récepteur, afin d'avoir un fonctionnement plus régulier, surtout si la distance à laquelle les sonneries doivent agir dépasse une centaine de mètres.

Bien entendu, quand nous parlons de distance dans ces circonstances, nous n'entendons pas dire celle qui sépare en ligne droite, — à vol d'oiseau en quelque sorte, — les appareils, mais bien la longueur réelle que l'on obtient en mesurant le fil de ligne à l'aller et au retour.

Il existe encore d'autres types de téléphones domestiques de formes diverses pouvant répondre à toutes les exigences, aussi bien au point de vue du luxe et de l'élégance qu'à celui du bon marché et de la simplicité. Mentionnons au premier rang de ceux-ci le poste système Berliner représenté par notre figure 229, qui réunit à l'avantage d'un fonctionnement parfait celui d'un prix modéré.

Ces téléphones possèdent trois bornes disposées dans l'ordre : charbon, ligne et zinc. Ils sont pourvus d'un microphone à lame de charbon protégé par un solide filet métallique, et munis, en même temps, d'un archet commutateur du côté gauche, et d'un bouton d'appel du côté droit. La sonnerie, fabriquée avec soin à l'aide de matériaux de choix, contribue à donner à tout l'appareil un cachet d'élégance indéniable.

Un modèle de téléphone d'appartement que l'on doit encore signaler est celui de la maison Richard, que représente la figure 231. Dans celui-ci, l'ordre adopté pour la succession des bornes d'attache est le suivant : *charbon, sonnerie, charbon microphone, zinc, ligne*. Avec une petite batterie on peut réunir entre elles les deux premières.

Mentionnons enfin les types de postes micro-téléphoniques à bon marché représentés et qui, sous des noms divers, et en raison de la modicité de leur prix, ont envahi le marché et ont reçu de nombreux usages, car ils peuvent se placer sur n'importe quel réseau de sonnettes électriques d'appartement, qu'ils complètent, permettant ainsi au maître ou à la maîtresse de maison de donner ses ordres de vive voix à ses domestiques sans qu'il soit nécessaire de les appeler auprès de soi (fig. 232).

Des maisons importantes ont entrepris la construction en grand de ces appareils, que leur bon marché met à la portée de tout le monde, et on peut croire que le moment n'est pas éloigné où les maisons les plus modestes seront pourvues de ces utiles instruments de conversation à distance.

Les figures 227 et 230 représentent le modèle à la fois simple, solide et d'aspect agréable, qui est connu sous le nom de *phérophone*, et que les électriciens Paz et Silva ont vulgarisé en France. Ces petits appareils constituent des objets transportables au premier chef, et sont surtout indiqués pour les installations parti-

Fig. 232. — Bouton téléphone avec récepteur et parleur réunis.

culières, ou pour leur utilisation partout où il existe déjà un réseau de sonneries électriques, car leur mise en place est très facile à effectuer, même pour des personnes peu au courant de ce genre de travaux.

INSTALLATION DES TÉLÉPHONES D'APPARTEMENT

Avant de passer en revue les diverses méthodes d'installation des divers types de postes de téléphones qui ont été décrits dans les pages qui précèdent, il nous paraît utile de

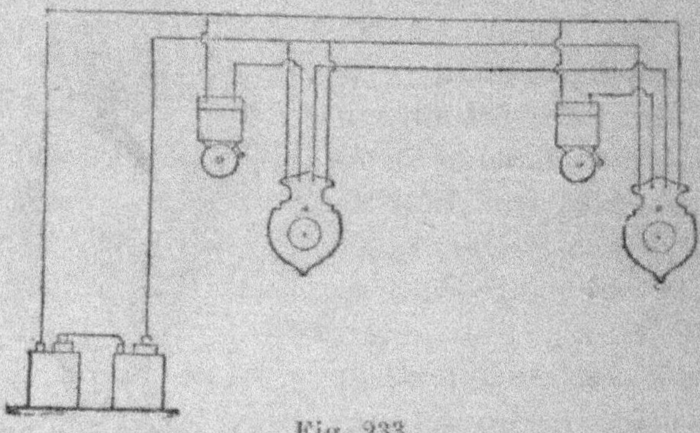

Fig. 233.

donner tout d'abord quelques indications générales sur le choix de l'emplacement réservé aux appareils. Ce détail présente une importance assez sensible pour mériter que nous nous y arrêtions un instant.

Le choix de la place qui sera occupée par les téléphones n'est pas sans influer sur le bon fonctionnement ultérieur et sur la durée des transmetteurs et des récepteurs. Ainsi ces appareils, quel que soit leur type et leur constructeur, ne devront jamais être appuyés contre des parois trop minces, notamment contre des cloisons en planches, parce que les vibrations de ces supports pourraient nuire à la trans-

mission ou à la réception des sons articulés et gêner ainsi
d'une façon irrémédiable les conversations. Il faut de
même éviter de fixer les postes sur des murs humides qui
amèneraient l'oxydation rapide des contacts métalliques et

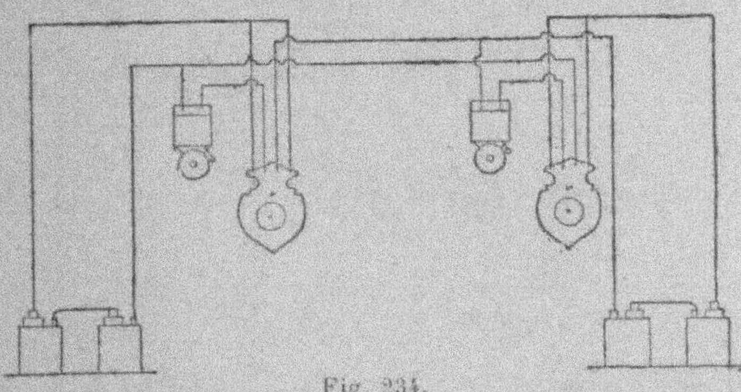

Fig. 234.

causeraient à bref délai la détérioration des parties intérieures, le décollement des charbons ou toutes sortes d'autres avaries.

Dans le cas où l'on ne pourrait cependant faire autrement

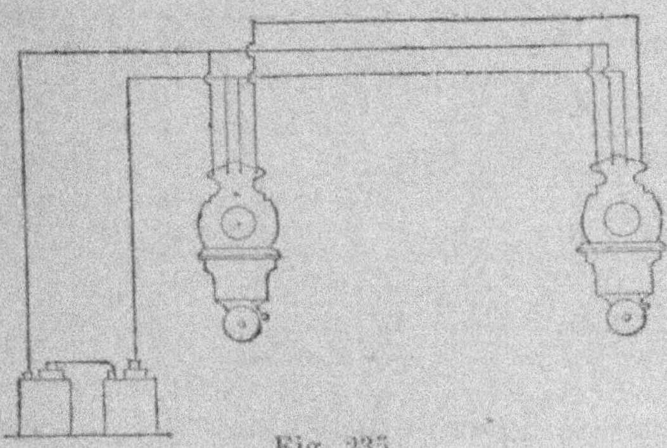

Fig. 235.

que d'appuyer l'instrument téléphonique contre un mur
humide, il est prudent de l'isoler en intercalant entre le
bois de l'appareil et la muraille des cales en matière iso-

lante et imputrescible, par exemple des anneaux en porcelaine, en ébonite ou en fibre vulcanisée, dans le vide intérieur desquels passent les vis rattachant la tablette du microphone au mur.

De même, il faut, autant que possible, éviter de placer

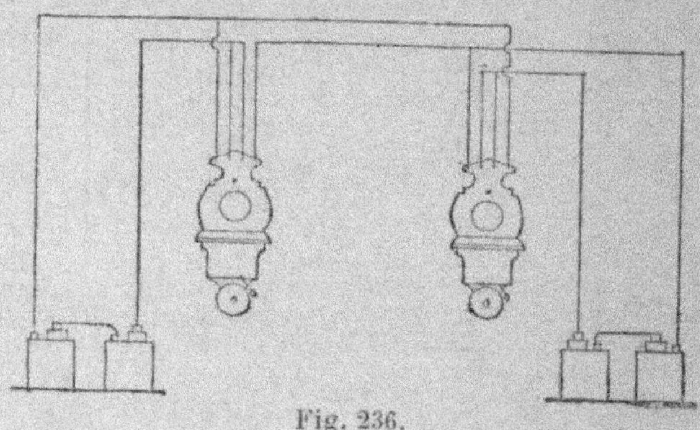

Fig. 236.

un poste fixe trop près d'une cheminée ou d'une bouche de calorifère parce que le bois de l'appareil, se desséchant outre

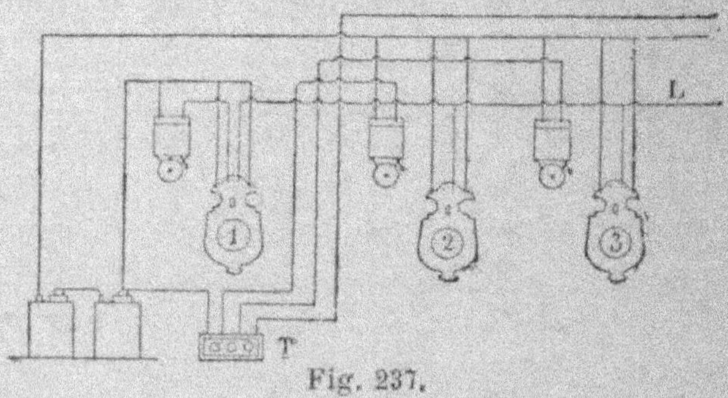

Fig. 237.

nature, peut dérégler le microphone et causer la rupture de l'isolant des fils conducteurs et le desserrage des vis.

Les postes téléphoniques devront être disposés à l'abri de la poussière, car celle-ci pénétrant dans la boîte et se déposant sur les contacts mobiles peut interrompre les communications. On peut se reporter, pour le surplus des précautions qu'il convient de prendre en semblable cir-

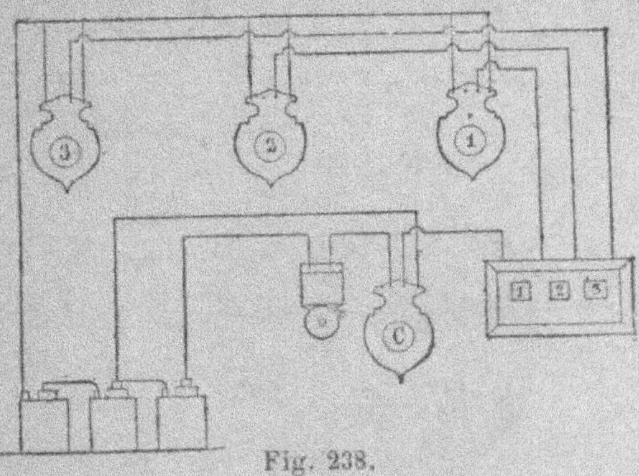

Fig. 238.

constance, aux règles qui ont été exposées dans la partie réservée à l'étude des sonneries électriques. Rappelons

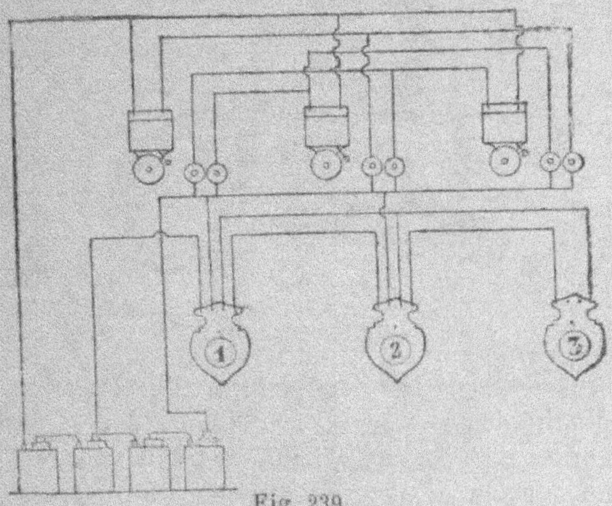

Fig. 239.

toutefois que la condition essentielle à observer rigoureuse-ment dans les travaux de ce genre réside dans l'isolement parfait des canalisations et des fils conducteurs, surtout aux points de jonction avec des fils de dérivation. En suivant ensuite avec attention les schémas que nous reproduisons, on sera certain d'obtenir un bon résultat et d'avoir un fonctionnement satisfaisant.

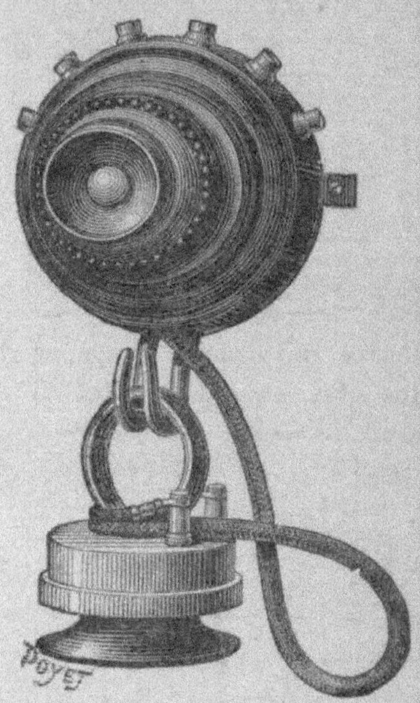

Fig. 240. — Bouton-téléphone
d'appartement.

Les figures 233 et 234 représentent l'installation de deux postes téléphoniques avec sonnerie séparée, et un ou deux éléments de piles. Les figures 235 et 236 montrent la disposition à donner à deux postes avec sonnerie réunie et deux ou trois fils de ligne. Le dispositif que l'on voit dans le schéma (fig. 237) peut être utilisé pour deux (ou davantage) appareils, étant tous en communication avec un autre, ainsi qu'il est marqué avec le n° 1. Ce poste peut, au moyen du clavier T, communiquer avec tous les autres, 1, 2, etc., mais ces derniers ne peuvent appeler, à l'aide du commutateur automatique à crochet, que le poste n° 1.

Le schéma de la figure 238 indique la méthode qu'il convient de suivre pour installer un poste C qui est seulement appelé par les postes 1, 2, 3, etc. Il est utile, dans ce dernier cas, de faire usage d'un tableau indicateur pouvant désigner au téléphone C la source de l'appel qui lui parvient. Cette adjonction serait nécessaire notamment dans un bureau où un garçon peut être appelé, soit par le directeur, soit par le caissier ou par un autre employé. Mais le plus souvent il est indispensable que tous les postes téléphoniques du réseau puissent communiquer entre eux, et, dans ce cas, on suit la disposition indiquée dans le schéma de la figure 239.

Dans ce dernier système, les sonneries d'appel, avec leurs boutons respectifs, sont séparées du poste téléphonique. Le crochet-commutateur ne fonctionne alors que comme interrupteur de courant dans le microphone. Les postes peuvent être également plus nombreux; il suffit pour cela que le dernier de la série ait ses fils attachés aux bornes d'une manière identique que dans le n° 3. En outre, le circuit intérieur doit subir une légère modification pour pouvoir répondre exactement au but poursuivi.

Lorsque la distance entre deux postes microphoniques est un peu considérable, on peut remplacer l'un des fils de ligne par une prise de terre. Pour assurer le fonctionnement des sonneries, des *relais* SS (fig. 241) sont alors nécessaires, le courant arrivant par la ligne n'ayant plus l'énergie voulue pour les actionner. Ces relais sont enfermés dans la même boîte que les timbres sonores, et leur circuit est fermé sur la pile locale. En *ss'* se trouvent les parafoudres qui protègent la ligne 4 contre les décharges

de l'électricité atmosphérique. Nous n'insisterons pas sur
ces appareils de sécurité, que nous avons étudiés en détail
dans le chapitre des *lignes aériennes*, dans le volume des
Sonneries et paratonnerres, et nous renverrons le lecteur désireux d'avoir des renseignements plus complets
sur les parafoudres, à notre précédent ouvrage.

Dans le cas où plusieurs postes micro-téléphoniques

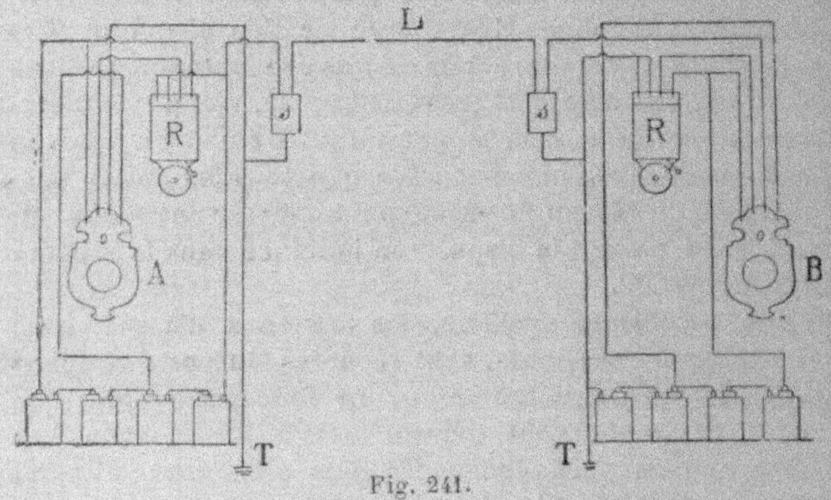

Fig. 241.

doivent correspondre entre eux, ou même quand deux postes sont destinés à communiquer avec un troisième, il est
possible de simplifier l'agencement, mais l'installation exige
la présence d'un tableau avertisseur central. L'appareillage se compose donc, en ce cas, de l'ensemble du poste
transmetteur, récepteurs et sonnerie, plus un commutateur
et un tableau indicateur. La figure 242 représente un semblable tableau central à trois numéros, de la maison Mildé.
Les commutateurs de ces tableaux sont, suivant le type,
composés d'une fiche métallique terminant un cordon souple dont le conducteur intérieur va rejoindre la borne correspondant au fil de ligne du poste. Les tableaux sont gé-

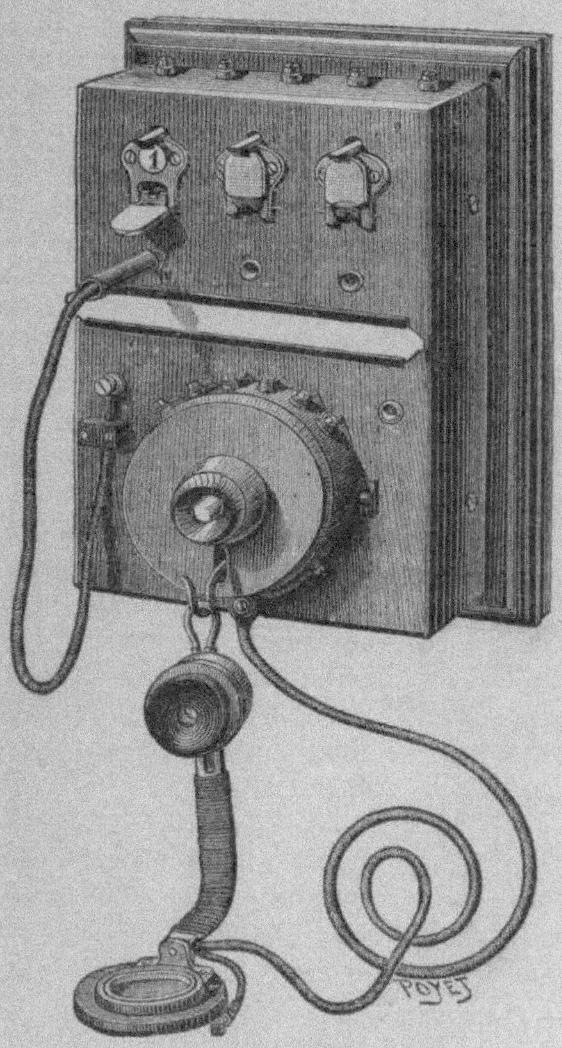

Fig. 242. — Poste d'appartement complet
avec trois annonciateurs.

néralement établis d'après le système à cartons, tombant
dans l'encadrement d'un guichet, cartons qui ferment au
moment de leur chute le circuit sur la sonnerie d'appel.

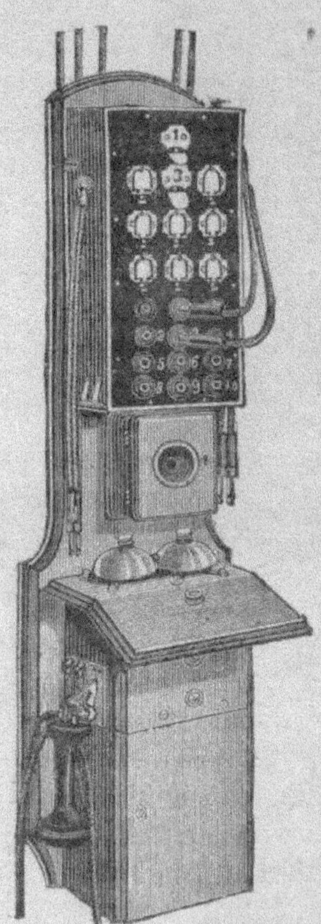

Fig. 243. — Poste mural.

Toutefois, pour des installations de
moyenne importance, on peut remplacer ces indicateurs par des tableaux
de construction plus simple, à bobine
unique avec enroulement adapté à la
distance à laquelle ils doivent fonctionner.

Souvent ces tableaux sont construits de manière à pouvoir être accrochés aux murs (fig. 243); on en
fabrique également des modèles de
petite dimension, d'aspect gracieux
qui peuvent être posés sur une table
ou sur une étagère quelconque. La
figure 244 représente un appareil de
ce genre et montre le téléphone
réduit aux plus petites dimensions
possibles, avec son tableau indicateur
simplifié, ses commutateurs à fiche
et son clavier.

La figure schématique 246 montre
l'installation d'un poste téléphonique
central C, avec lequel on peut appeler
ou être appelé par deux embranchements A et B. Les postes situés sur
ces embranchements ne peuvent pas
cependant correspondre les uns avec

les autres, ou bien il faudrait, dans ce cas, réaliser un
agencement analogue à celui qui est indiqué dans la figure
schématique 248. La tige de communication *s* doit, au
repos, rester éloignée du commutateur.

Le poste central peut être appelé par A ou par B, ou bien c'est lui, qui, au contraire, peut les appeler lui-même. Dans le premier cas, il est prévenu par le tableau, et, suivant que c'est A ou B qui demande à entrer en rapport, la

Fig. 245. — Poste téléphonique
d'appartement.

fiche doit être enfoncée dans le trou de droite ou celui de gauche. On la retire de ce trou quand la conversation est finie.

Si cette installation est organisée pour desservir un réseau de plusieurs kilomètres de longueur (compatible du reste avec la portée des appareils), il est nécessaire de disposer d'une batterie de piles à chaque poste, de munir les

sonneries de relais RR (fig. 247), d'assurer ensuite la sécurité en interposant des parafoudres *ss'* sur les lignes exté-
rieures LL, et d'utiliser enfin la terre comme retour du

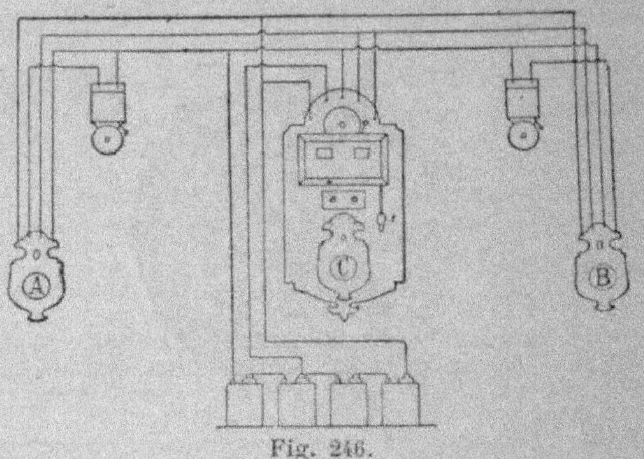

Fig. 246.

courant à la pile, dont un pôle est relié à une plaque métallique noyée dans le sol humide, ou dans une fosse creu-
sée et remplie de charbon de bois.

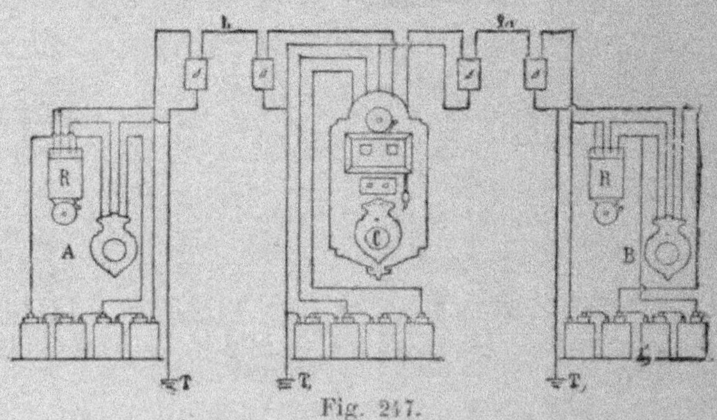

Fig. 247.

Si les postes A B doivent pouvoir communiquer, non seulement avec le poste central, mais aussi entre eux, il faut
munir le commutateur de deux fiches *ss'* (fig. 248), et d'une

sonnerie S, actionnée par une pile P, laquelle peut également être utilisée pour avertir le poste central d'avoir à

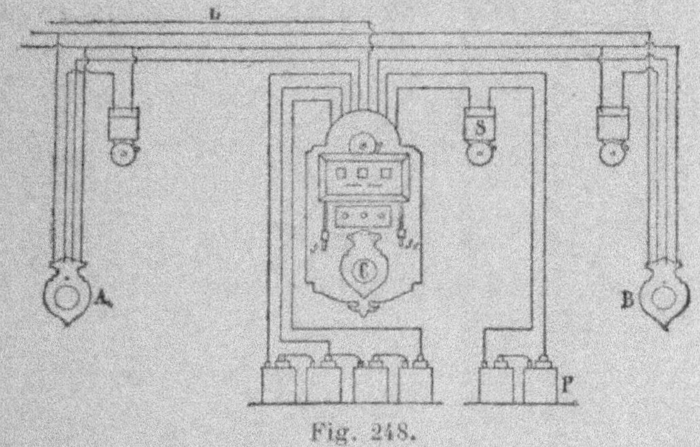

Fig. 248.

supprimer la communication quand les deux postes A B ont terminé leur conversation.

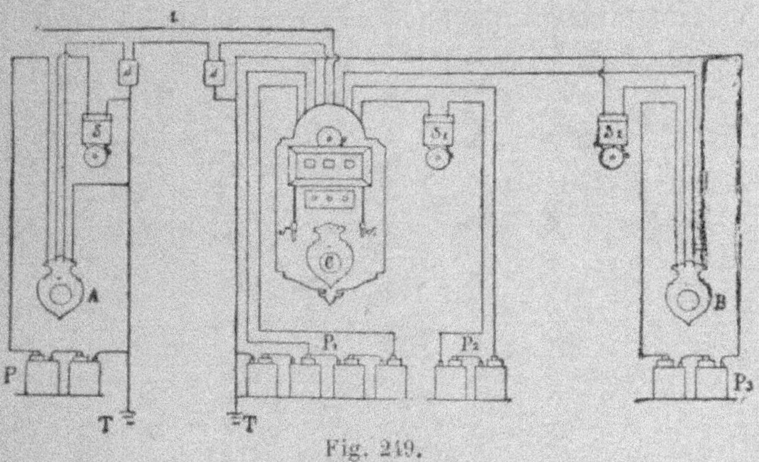

Fig. 249.

La figure 249 représente l'installation de trois postes téléphoniques, l'un d'eux étant embroché sur la ligne L qui se rend au poste central. Lorsque certaines conditions l'exigent, on peut réaliser ce dispositif avec une batterie de piles à chaque poste. Dans ce cas, comme on ne peut pas munir les sonneries de relais, il est recommandé de rendre aussi faible que possible la résistance de la prise de terre

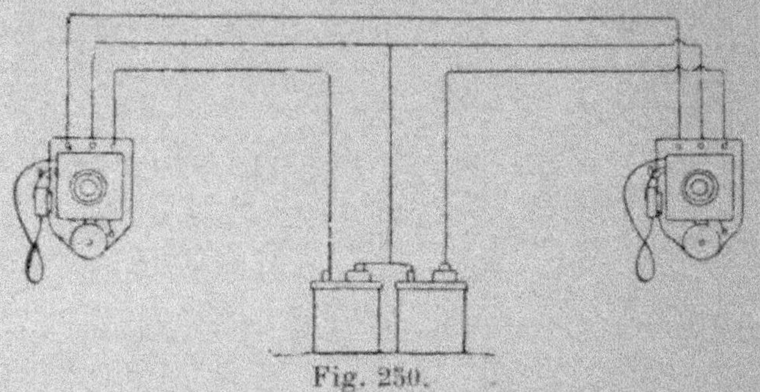

Fig. 250.

TT, ce qui demande des soins particuliers pour établir un contact aussi intime qu'on le peut de la plaque noyée avec le sol environnant.

Voici maintenant quelques schémas relatifs à l'installa-

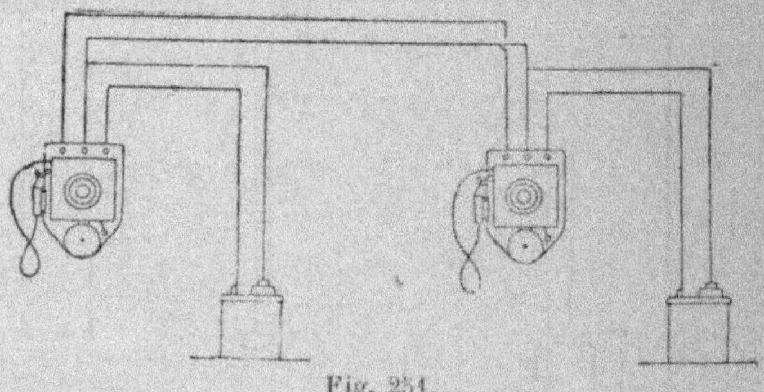

Fig. 251.

tion de postes de téléphones Berliner, lesquels comportent, suivant les circonstances, une ou deux batteries de piles (fig. 250 et 251). Les mêmes précautions doivent être prises pour l'organisation de réseaux avec téléphones

types de Richard (fig. 252 et 253). On peut dire qu'en général, la présence de deux batteries de piles devient indispensable, dans ces modèles de téléphones, chaque fois que
la distance entre les postes dépasse une certaine limite,

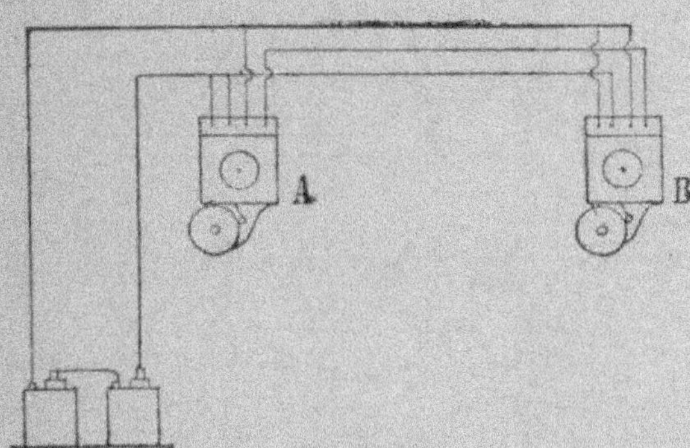

Fig. 252.

c'est-à-dire lorsque l'économie qu'on réalise par la suppression d'un fil de ligne compense le prix de montage de
la seconde batterie.

Avant de clore ce chapitre, il nous paraît utile de fournir

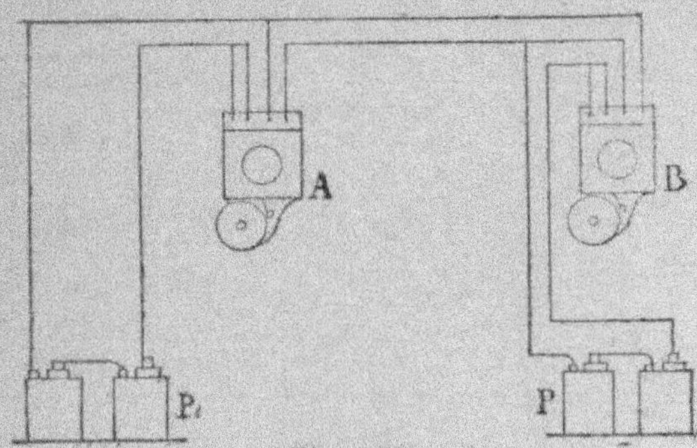

Fig. 253.

quelques explications complémentaires en suivant le tracé
des figures schématiques 254 et 255, relatives à la pose
des appareils connus sous le nom générique de *phérophones.*

Le premier schéma montre l'application de ce genre de téléphones à une installation déjà existante de sonnettes électriques. Les boutons d'appel, qui sont disséminés sur le trajet des fils, doivent être remplacés, dans ce cas, par

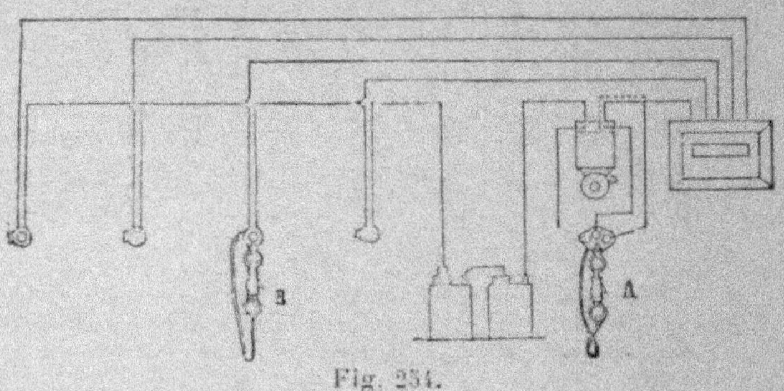

Fig. 254.

des boutons spéciaux qui possèdent une attache à tige pour les communications verbales, et un crochet pour suspendre l'appareil dans sa position de repos.

L'appareil A présente un agencement particulier; c'est

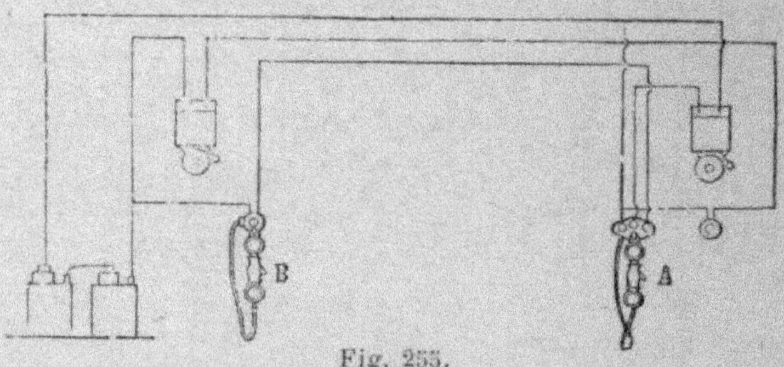

Fig. 255.

lui qui doit toujours rester fixe, tandis que le téléphone B peut être transporté à la main d'un bouton à l'autre à l'aide du contact à fiche qui s'engage indifféremment dans n'im-porte quelle prise de courant.

Le tracé en lignes pointillées sur la figure 254 montre la liaison de la sonnerie avec le tableau et indique la manière dont s'opère la connexion entre les appareils, connexion qu'on supprime en appliquant le téléphone à l'installation des réseaux de sonnettes. Ce mode de procéder a été suivi fréquemment pour la pose dans les hôtels particuliers, lesquels, pourvus déjà de toutes les ressources du luxe moderne, ont voulu ajouter, comme suprême confort, un appareil téléphonique dans chacune des chambres des appartements. C'est du reste, il faut le dire, une amélioration peu coûteuse, étant donné et le prix modique des appareils et la facilité de leur mise en service.

Le second schéma (fig. 255) représente une installation de genre courant exécutée avec des phérophones. Le téléphone B emploie pour l'appel le bouton spécial auquel il se trouve annexé, tandis qu'il faut, pour le téléphone A, un bouton du modèle ordinaire. Pour l'interruption du courant dans le circuit des téléphones, ceux-ci sont munis d'un contact mobile qu'il faut conserver fermé pendant tout le temps que dure la conversation.

CHAPITRE IV

LA TÉLÉPHONIE A GRANDE DISTANCE

Nous ne nous sommes occupés, dans le chapitre précédent, que des installations privées de téléphonie et avons décrit le microphone dans ses principes essentiels et sous les formes qu'il revêt dans la pratique courante. Maintenant nous nous occuperons des installations de grande importance qui constituent, ainsi que nous l'avons constaté dans les premières pages de ce livre, une des nécessités de la vie publique et permettent de transporter la parole, non plus d'une pièce d'un appartement à une autre, d'un bureau à l'atelier, mais bien d'une ville à l'autre. Ce moyen instantané de correspondance verbale a maintenant fait ses preuves, même sur des distances considérables, et c'est des procédés mis en œuvre dans cet ordre d'applications que nous étudierons ici.

La téléphonie a pour but la transmission de la parole à distance. Les appareils qu'elle emploie pour obtenir ce résultat sont basés en partie sur des principes d'acoustique que nous ne croyons pas utile de rappeler ici. Remarquons cependant que le son se propage dans les divers milieux par des ondes ayant des vibrations longitudinales, et que l'on distingue dans ce que l'on appelle ainsi le *son*, résultat de ces vibrations, trois qualités primordiales.

1° La *hauteur*, qui dépend du nombre de périodes par seconde des ondes. Pour la même note, quel que soit l'instrument qui la produise, la durée d'une vibration complète est toujours la même : 1/435 de seconde, par exemple pour le *la* normal du diapason ;

2° L'*intensité*, qui est fonction de l'amplitude des vibrations, et par laquelle un son fort se distingue d'un autre plus faible. Plus l'intensité est grande et plus le son se répercute au loin ;

3° La *qualité*, qui permet de distinguer l'un de l'autre deux sons de hauteur égale émis par des instruments différents. Elle est due aux sons *harmoniques* inhérents aux résonances des divers organes constituant l'instrument émetteur du son. Ces notes secondaires possèdent une ampleur plus restreinte que celles du son *fondamental* auquel elles viennent se superposer. La transmission d'un son fondamental avec ses harmoniques peut se comparer à la propagation d'une onde à la surface d'une eau tranquille, laquelle onde, de grande dimension en même temps que très visible, est accompagnée de petites rides circulaires comme elles, mais à peine sensibles.

Ce sont les sons harmoniques qui permettent l'émission de la parole. Cette dernière est due à l'action de l'air projeté par les poumons sur des membranes à tension variable, dites *cordes vocales*, disposées au fond de la gorge ou, pour être plus précis, du larynx. Ces cordes vocales donnent un son fondamental qui peut être constamment le même, quelle que soit la lettre de l'alphabet que l'on articule. La forme donnée à la conformation de la bouche, au moment de l'émission du son, détermine la production des sons harmoniques caractérisant chaque lettre. En effet, pour parler, non seulement le larynx entre en fonctions, mais encore la langue, la mâchoire inférieure, les lèvres, accomplissent des mouvements particuliers, que l'on a étudiés l'un après l'autre et analysés rigoureusement. Le mécanisme de l'articulation des mots, dans les diverses langues parlées sur le globe, est aujourd'hui connu dans ses moindres détails. Suivant telle ou telle contraction des organes de la phonation, est émis un son déterminé, toujours le même. L'articulation des voyelles ou des consonnes composant les mots complique l'opération. Le son, le cri, la parole, ébranlent les molécules du gaz élastique qui est l'air, et leur communique une vibration, de hauteur et d'amplitude données, vibration qui se transmet de proche en proche avec une vitesse de propagation de 333 mètres par seconde qui s'éteint peu à peu. La force primitive d'impulsion ou intensité du son au moment de son émission, l'atmosphère plus ou moins chargée d'humidité, les bruits étrangers qui viennent contrarier la transmission, toutes ces causes modifient et restreignent l'étendue, le trajet utilement parcouru par le son.

On peut facilement constater que, dans une atmosphère tranquille, dans la campagne notamment, pendant les belles et calmes soirées d'été, la voix humaine, ainsi que tous les autres bruits : les aboiements des chiens, le pas d'un cheval, etc., se répercutent au loin et sont perceptibles à une grande distance. La chose nous paraît toute naturelle, parce que nous sommes habitués à ces phénomènes qui se répètent constamment, mais on n'en peut pas moins conclure en reconnaissant que le son se transmet dans un rayon dont l'étendue dépend de circonstances innombrables, qui s'allient ou se combattent, s'ajoutent ou se retranchent et modifient constamment la transmission de ces vibrations, jusqu'à ce qu'elles deviennent insensibles et insaisissables pour nos organes.

Ainsi la vibration émise par la glotte sous la pression de l'air chassé par les poumons, traverse l'épaisseur massive des murailles, toutes les fenêtres de l'habitation étant fermées, et ce phénomène ne surprend personne ! Sur son trajet, cette vibration rencontre un organe sensible à son action : le tympan d'une oreille humaine ou autre. Cet organe transmet au cerveau l'impression de cette vibration ; celui-ci la compare, la classe, la reconnaît, et aussitôt l'homme interpellé à distance comprend et répond, le chien reconnaît la voix de son maître et aboie joyeusement, les animaux appelés accourent, enfin la réception du son est effectuée par un sens spécial guidé par l'intelligence.

Sans la présence de l'air, sous la cloche de la machine pneumatique, le son ne se propage pas. On voit le marteau, mû par un mouvement d'horlogerie, frapper sur le bord du timbre, et aucun bruit ne se produit plus dès que l'air a été extrait de la cloche. Un air saturé d'humidité ou de brouillard transporte mal la voix, tandis qu'un corps solide la conduit parfaitement. Qui n'a pas, étant enfant, appliqué son oreille à l'extrémité d'un bâton, d'une perche ou d'une poutre, à l'extrémité de laquelle un camarade parlait à voix basse ou qu'il râclait de la pointe de son couteau ?... Le son est transmis d'un bout à l'autre de la pièce de bois avec plus de fidélité et d'intensité que par l'air.

Une vallée, une route pratiquée entre des rochers à pic, un couloir dans les montagnes conduisent parfaitement le moindre ébranlement de l'air. Et si nous parlons maintenant de l'écho qui, caché dans les roches, répercute exactement les paroles qui lui sont adressées ?... On remarque même, dans certaines constructions humaines : églises, cloîtres, salles de vieux châteaux, des voûtes disposées de telle manière que les paroles prononcées dans un point déterminé de la salle, sont reportées et parviennent intégralement à l'oreille d'une autre personne placée en un autre point correspondant, car de tout autre endroit on n'entend qu'un murmure incompréhensible. C'est de toutes ces observations pratiques, combinées avec l'étude attentive de tous les phénomènes connexes, qu'est née la science de l'acoustique, dont l'une des applications les plus connues à la transmission de la parole est ce que l'on a appelé le tuyau porte-voix ou acoustique.

Dans cet appareil, l'air se trouve emprisonné, localisé, dans un tube terminé à chaque extrémité par un pavillon évasé ou une embouchure ; les ondes sonores s'y trouvent condensées, concentrées, sans pouvoir se disperser sur leur parcours, ni perdre de leur intensité, aussi la voix parvient-elle claire et distincte à l'oreille de la personne qui écoute.

Les corps solides sont, avons-nous dit, d'excellents conducteurs du son ; c'est sur cette propriété qu'avait été basé le *téléphone à ficelle*, dont il a été question dans les premières pages de ce livre, jouet qui est bien oublié aujourd'hui, mais qui n'était cependant pas sans valeur, puisqu'il parvenait à transmettre le son jusqu'à 150 mètres de distance, malgré des coudes sur le trajet, coudes munis toutefois de relais, formés de membranes vibrant à l'unisson de celle du point de départ et assurant la continuité de la propagation de cette vibration tout le long du fil tendu.

Les esprits subtils et avisés qui, devançant l'avenir, entrevoyaient l'époque où la Science aurait apporté son puissant concours au transport de la parole, avaient deviné juste. L'histoire de la téléphonie nous démontre, en effet, que la route défrichée par ces pionniers de la science devait fatalement, et dans un temps plus ou moins éloigné, aboutir aux résultats magnifiques auxquels nous assistons et dont nous profitons, et qui sont le couronnement de leurs efforts persévérants.

Les premières expériences réalisées par Reis, Weyde, Élisha Gray, Varley, ne parvinrent à démontrer que la seule possibilité de reproduire des sons musicaux, mais non pas la parole humaine ; il fallut que Bell, rassemblant toutes les théories éparses, élaguant l'inutile pour ne conserver que ce qui était susceptible de fournir un résultat probant, et enfin, par des conceptions personnelles d'une grande sagacité, parvînt à donner la formule définitive et rationnelle du transport de la voix articulée le long d'un fil conducteur, simplement par la transformation en énergie électrique de l'énergie mécanique des ondes sonores.

Mais nous avons déjà retracé, dans le premier chapitre de ce livre, la succession des perfectionnements apportés aux appareils primitifs de Graham Bell, tôt améliorés par l'invention du microphone par Hughes, et des dispositifs accessoires qui permettent d'accroître la sonorité et la portée des appareils, et nous n'y reviendrons que pour répéter que, sans cette dernière invention, la téléphonie à grande distance n'eût pas été possible, et que c'est seulement par l'adoption de cet appareil que l'on a pu porter à des centaines de kilomètres d'éloignement la parole humaine, ce qu'il n'eût pas été possible d'obtenir avec le téléphone électro-magnétique de Bell, dont les sons ne sont plus perceptibles au-delà d'une certaine limite.

La raison de cette faible portée est aisée à comprendre : au fur et à mesure que la ligne augmente de longueur, la résistance s'accroît en proportion, tandis que les variations produites par l'intensité changeante des ondes sonores sur les contacts microphones ont des résistances constantes.

L'influence de ces variations de résistance du circuit diminue l'intensité des ondulations du courant, et il faut remarquer que cette diminution est en proportion inverse du carré de la résistance totale du circuit. Elle s'accroît par conséquent très rapidement, au fur et à mesure que la longueur de la ligne augmente. D'un autre côté, le courant permanent qui traverse le récepteur attire le diaphragme

et en diminue la sensibilité. Étant données ces conditions
défavorables, on s'était demandé, au début, s'il était possible d'espérer que l'on arrivât à augmenter considérablement la portée si réduite de l'instrument de Bell et de
Hughes. L'avenir devait répondre bientôt par l'affirmative.

Édison, avec son esprit pénétrant, comprit la difficulté et
ne tarda pas à la surmonter, grâce à l'emploi qu'il fit de la

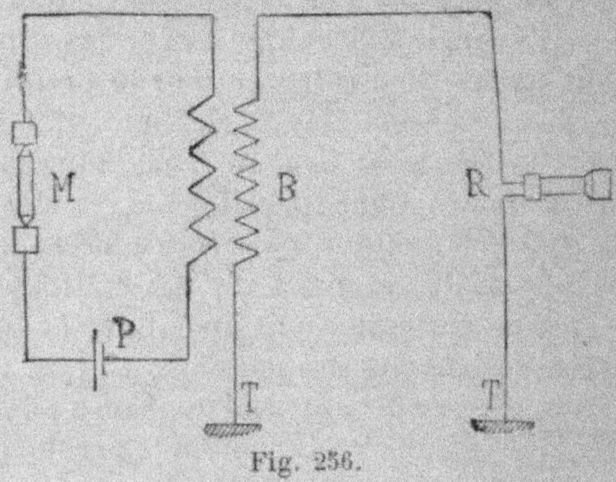

Fig. 256.

bobine d'induction, sans laquelle le problème n'aurait pu
être résolu.

La figure 256 représente schématiquement les dispositions données à cette bobine, et d'une manière si évidente
que toute explication complémentaire nous paraît superflue.

Dans le circuit primaire constitué par un gros fil, sont
intercalés le microphone et la pile, tandis que les extrémités du circuit secondaire, formé par plusieurs épaisseurs
concentriques de spires en fil très fin, sont reliées aux deux
fils de ligne, ou, dans le cas du retour du courant par la
terre, l'une au fil de ligne, l'autre à la plaque de prise de
terre. Par ce moyen, quelle que soit la longueur du réseau,
les courants microphoniques sont disposés dans un circuit
très peu résistant, tandis que les variations de pression des

contacts déterminent des ondes électriques d'une grande amplitude dans ce circuit. D'autre part, dans le circuit secondaire, les forces électromotrices se produisent d'autant plus élevées que le nombre des tours de fil fin est plus considérable. On peut ainsi, par cette adjonction d'un accessoire qui ne demande aucun entretien et fonctionne sans perte inutile d'énergie, développer des courants possédant une tension suffisante pour traverser des lignes présentant une résistance élevée. Remarquons en passant que l'on peut employer pour cette application des bobines à circuit magnétique *ouvert*, parce que la force coercitive, ou self-induction, d'un circuit fermé nuirait aux rapides variations du flux magnétique.

Pour les appareils destinés à l'échange des communications à très grande distance, le noyau de la bobine est formé d'un faisceau de petits fils de fer droits, d'un demi-millimètre de diamètre sur 9 centimètres environ de longueur. Le diamètre du noyau, celui-ci terminé, est de 15 millimètres. Le circuit primaire comprend ordinairement deux couches de fil de bon isolement, d'un diamètre de $12/10^e$ de millimètre, présentant une résistance de 0,12 ohm. Le fil servant à faire le circuit secondaire n'a pas un diamètre supérieur à $2/10^e$ de millimètre, et sa résistance totale, pour la longueur enroulée sur la bobine, par-dessus le fil primaire, varie entre 125 et 250 ohms, suivant la longueur du circuit sur laquelle cette bobine doit travailler.

POSE DES POSTES ET LIGNES TÉLÉPHONIQUES

Appel. — Un signal d'avis ou d'appel est indispensable, et doit être adapté à chaque poste téléphonique. On a bien essayé dans les débuts, — Siemens, Gower et Corneloup

5

entre autres ont fait connaître des dispositifs de ce genre,
— de profiter, pour cet appel, du transmetteur lui même,
en lui adjoignant une anche vibrante que l'on actionnait en
soufflant dans un cornet acoustique, mais ce système ne
se comprend guère que pour des téléphones sans piles, et,
du moment qu'une batterie est nécessaire, comme c'est le
cas avec le microphone, autant profiter de son courant et
l'utiliser pour réaliser un signal énergique et bruyant, tel
qu'une sonnerie, et c'est d'ailleurs ce procédé qui est resté
seul en vigueur et demeure presque universellement
employé. Cependant, il ne faut pas omettre le remplacement qui est fréquemment employé, des piles par une
petite machine magnétique constituée par un faisceau
d'aimants en fer à cheval, entre les pôles desquels une
bobine de fer pourvue d'enroulements de fil tourne
très rapidement par un renvoi d'engrenages. Dans ce
cas, pour appeler le correspondant ou l'employé du
bureau central chargé de donner la communication, au lieu
d'appuyer sur un bouton interrupteur, on donne quelques
tours de manivelle. La bobine tourne dans le champ magnétique créé par l'aimant, et une suite de courants induits
de très haute tension sont engendrés dans l'enroulement
de cette bobine. Ces courants sont recueillis par des frotteurs sur des bagues collectrices et envoyés dans la ligne.
Arrivés au poste central ou au bureau d'arrivée, ils passent
dans l'électro-aimant de la sonnerie et provoquent le mouvement de l'armature et le choc du marteau sur le timbre
sonore.

La magnéto présente sur la pile un très sérieux avantage
quand le poste téléphonique est relié à une ligne très
longue, et par suite de très grande résistance. Nous avons
dit que trois ou quatre éléments de pile sont suffisants
pour actionner le microphone et qu'il est plutôt nuisible
d'en employer davantage. Mais pour actionner à grande

branché sur le fil de pile, soit en donnant quelques tours
de manivelle à la magnéto qui fait fonctionner automatiquement le commutateur C et le place dans la direction
indiquée par la flèche. On met ainsi la ligne en communication avec le générateur, et le courant circule dans le circuit fermé sur la sonnerie. Cette opération étant effectuée,

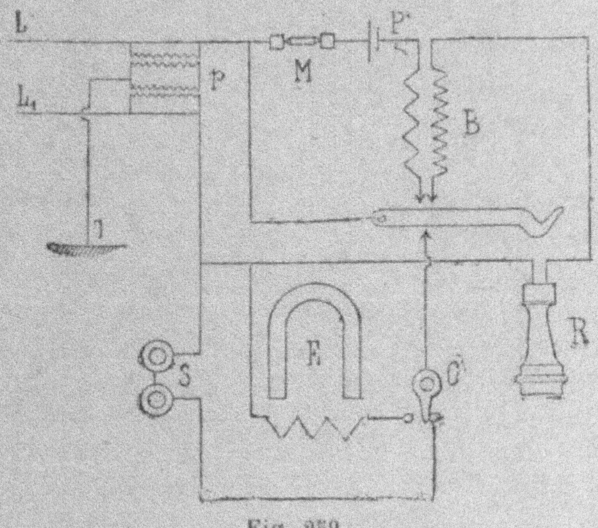

Fig. 259.

le commutateur revient à sa position de repos par l'effet de
la traction qu'opère sur lui le ressort antagoniste. En dé-
crochant alors le récepteur téléphonique, le levier bascule,
réunit les taquets supérieurs et ferme simultanément le
circuit primaire, comprenant la pile avec le microphone, et
le circuit secondaire, qui comprend le secondaire de la
bobine et la ligne. Dans cette position des contacts, on peut
aussi bien transmettre que recevoir, c'est-à-dire que
l'échange des conversations peut s'opérer entre les deux
postes ainsi mis en communication.

Sur les réseaux étendus de distribution ou lorsque les

postes ne sont pas enfermés dans un lieu clos et à l'abri du bruit, il est bon, pour ne rien perdre des paroles de son correspondant et ne pas être dérangé par les bruits extérieurs, d'avoir deux téléphones récepteurs, disposés en

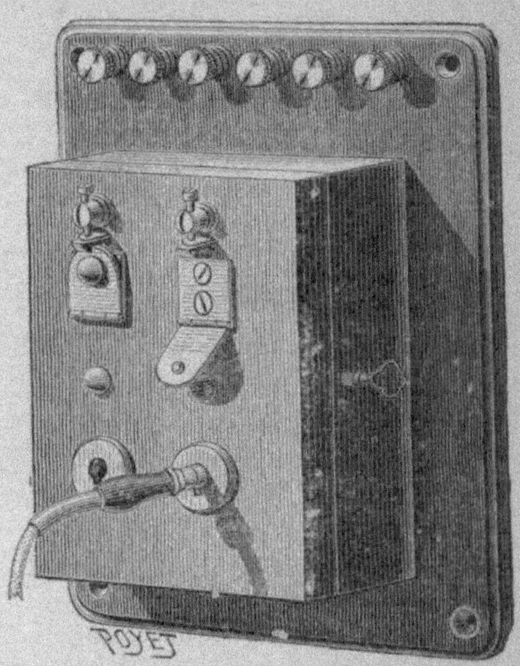

Fig. 260. — Appareil annonciateur double
avec voyant.

dérivation, et que l'on appuie sur chaque oreille, interceptant ainsi la perception des sons étrangers pour concentrer l'attention auditive sur ceux parvenant au tympan par l'appareil.

Dans leur ensemble, les appareils téléphoniques dont nous nous occupons ici présentent l'aspect indiqué par les figures 222 à 231. Toutefois, nous devons ajouter que l'ingéniosité des constructeurs s'est donné libre carrière en cet ordre d'idées et qu'il existe une grande variété de formes de postes micro-téléphoniques destinés à desservir, avec ou sans poste central constitué d'un simple tableau indicateur, un plus ou moins grand nombre de directions

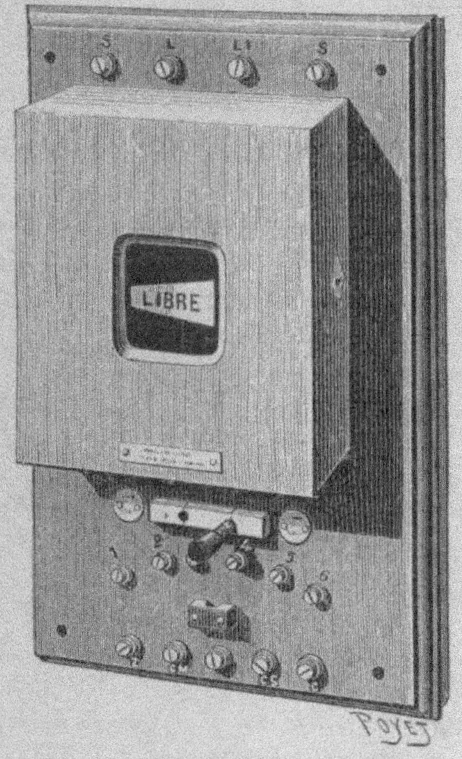

Fig. 264. — Appareil annonciateur double
avec voyant.

différentes. Les connexions s'opèrent à l'aide d'un clavier à trous dans lesquels on enfonce un cordon souple terminé par une fiche. Chaque trou porte l'indication du poste auquel il correspond. Quand on veut téléphoner, on relie le téléphone à la ligne aboutissant à l'endroit où l'on s'adresse, et on sonne pour appeler l'attention et prévenir que l'on désire causer, puis, la conversation terminée, on enlève la fiche, laissant le circuit général fermé sur sa sonnerie, de façon à pouvoir être à son tour appelé par un poste quelconque faisant partie du réseau (fig. 260 et 261).

Mentionnons encore, en passant, les tableaux automatiques annonçant si la ligne est libre ou occupée, ce qui peut être de la plus grande utilité lorsque l'abonné possède deux postes, reliés au réseau général. Il se peut, en effet, que l'on demande la communication justement en même temps que l'autre appareil de la maison occupe la ligne. Le carton qui apparaît dans l'encadrement du guichet annonce donc si la ligne est libre ou occupée et permet ainsi, dans ce dernier cas, de savoir si l'on peut obtenir ou non la communication dont on a besoin.

CHAPITRE V

INSTALLATION DES RÉSEAUX TÉLÉPHONIQUES

Les courants électriques employés en téléphonie présentent, nous l'avons dit, une forme ondulatoire et peuvent être représentés approximativement par une fonction sinusoïdale du temps. Les sons aigus sont transmis par des courants relativement moins intenses que les sons graves ; en outre, ils présentent une tendance à retarder dans leur propagation ce qui, dans le mélange des sons fondamentaux avec leurs harmoniques, dont l'ensemble constitue la parole, amène une déformation qui change la tonalité et donne à la voix entendue un timbre nasillard particulier. Il résulte de ce fait qu'il est nécessaire de diminuer autant que possible la self-induction des circuits, en supprimant dans les appareils tout aimant superflu et en faisant usage, pour les lignes, de conducteurs non magnétiques. La limite de la portée téléphonique de la voix, déterminée par de nombreuses expériences, est de 500 kilomètres avec des lignes en fil de fer galvanisé, tandis que l'on a pu correspondre jusqu'à 3.000 kilomètres avec des lignes soigneusement isolées, en fils de bronze phosphoreux ou silicieux. On a bien songé à corriger les effets de la self-induction en utilisant les propr'étés des condensateurs électriques intercalés sur la ligne, mais la capacité des câbles, surtout de ceux noyés dans le sol ou dans un caniveau, agissant comme un condensateur branché en dérivation, exerce un effet absorbant très nuisible que l'on peut, du reste, éviter en suivant les indications de la pratique.

Mais indépendamment de la self-induction de la capacité des circuits, il peut exister d'autres causes de perturbations ou d'affaiblissement dans la transmission. Les plus fréquentes résident dans les joints défectueux des lignes aériennes qui vibrent sous l'action du vent, et, dans le champ magnétique constitué par la masse terrestre, agissent comme de véritables contacts microphoniques. Ce sont aussi les courants telluriques qui agissent par induction sur les conducteurs et produisent dans les récepteurs un sifflement caractéristique fort désagréable, lequel peut encore être augmenté par d'autres causes et qui viennent s'y ajouter. Tels sont les courants produits par les décharges de l'électricité atmosphérique, par les orages magnétiques, les aurores polaires, les réactions chimiques qui prennent naissance dans le sol, puis les courants dérivés provenant des pertes à la terre des lignes télégraphiques ou des circuits de distribution d'énergie situés à proximité, et qui sont autant de causes de perturbations dans le fonctionnement des téléphones.

Dans le cas où le retour du courant s'opère par le sol, si une prise de terre télégraphique se trouve par hasard à peu de distance de la prise de terre pour la ligne téléphonique, il se produira une dérivation du courant télégraphique sur l'autre ligne qui sera d'autant plus accusée dans les récepteurs que ceux-ci seront plus sensibles et le temps plus humide. Il est possible même que des communications anormales viennent à s'établir entre les fils d'un même réseau par suite de l'eau recouvrant les isolateurs. Les courants dérivés qui résultent de ces courts-circuits ou de ces mélanges acquièrent, sur les lignes téléphoniques de grande étendue ou sur celles dont l'isolement n'est pas absolument parfait, une intensité suffisante pour causer des bruits de crépitation ou de *friture*, comme on dit ordinairement, dans les récepteurs, et presque masquer le son de la voix.

On remédie à cet inconvénient, non sans importance, en faisant usage, sur le parcours des lignes aériennes, d'isolateurs à double cloche, dont les supports métalliques, pattes de scellement ou consoles, sont reliés au sol par un fil de fer.

Le courant électrique qui traverse un isolateur passe ainsi directement dans le sol et ne se porte pas sur le fil voisin.

Enfin, une dernière cause de perturbation, qui n'est pas l'une des moins graves, consiste dans le phénomène d'induction produit par un fil traversé par un courant sur un autre. Quand on lance un courant dans un fil tendu parallèlement à un fil téléphonique, deux effets particuliers se remarquent sur cette ligne.

a, un courant de décharge statique qui parcourt la ligne en pénétrant par ses deux extrémités ; *b*, un courant d'induction mutuelle, de sens opposé à celui du courant inducteur, qui parcourt la ligne d'un bout à l'autre.

En raison de la sensibilité des récepteurs téléphoniques, ces courants induits permettent d'entendre sur une ligne les conversations échangées par un fil voisin, si celui-ci est tendu dans une direction parallèle à l'autre, même seulement pendant un trajet relativement court. Sur une distance considérable, on entend la parole aussi clairement que sur la ligne directe reliant les deux postes.

Un premier remède contre l'induction mutuelle a été proposé par M. Hughes, qui a conseillé de faire aboutir les divers fils conducteurs aboutissant à un poste à des bobines plates disposées de telle manière que, réagissant par influence les unes sur les autres, elles engendrent des courants induits de sens contraire à ceux qui circulent sur les lignes où elles contrarient la circulation du courant principal Ce procédé peut être efficace dans le cas où il n'existe que deux fils s'influençant l'un l'autre. En réglant convenablement la distance des bobines ainsi branchées aux extrémités des fils, on supprime complètement ce phénomène de l'induction mutuelle sur les deux fils. Mais quand le nombre de conducteurs dépasse un certain chiffre très peu élevé, ce système ne possède plus la même efficacité, car il devient de plus en plus difficile de calculer l'agencement des bobines de manière à ce qu'elles prennent une position avantageuse les unes par rapport aux autres.

La solution la plus satisfaisante consiste, ainsi que l'expérience l'a démontré d'une manière péremptoire, à rejeter l'utilisation de la terre comme moyen de retour des courants téléphoniques et de n'employer que des circuits entièrement métalliques. On évite ainsi en même temps les dérivations provenant des prises de terre voisines, des courants de charge électrostatique, ainsi que le sifflement continuel provenant de l'action des courants telluriques.

Les deux fils d'aller et de retour constituant une ligne téléphonique, doivent être disposés dans des conditions exactement semblables à celles que présentent les lignes environnantes, de telle façon que les forces électromotrices d'induction qui y prennent naissance s'annulent dans le circuit. Dans les câbles composés d'un faisceau de fils doubles isolés, dont chaque paire dessert une ligne différente, chaque fil double est enroulé en hélices de pas très allongé, l'un autour de l'autre, de façon à compenser exactement l'induction mutuelle qu'ils développent. Dans les lignes aériennes, constituées par des fils métalliques nus, ce procédé est d'une application moins aisée ; cependant, là encore, on peut tourner la difficulté. Pour cela, les deux fils se croisent à chaque poteau, de manière à effectuer un tour complet autour l'un de l'autre tous les quatre poteaux.

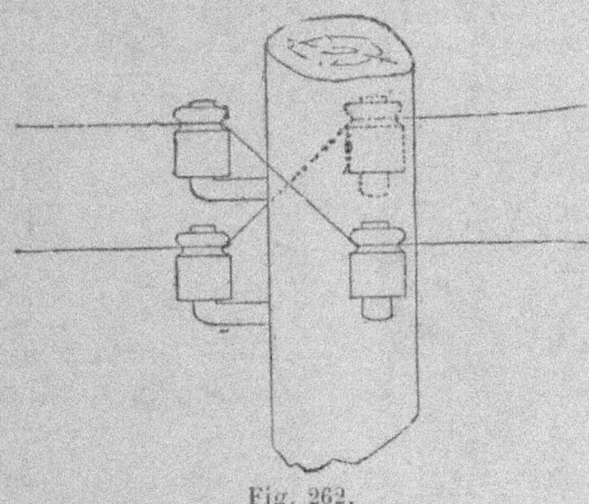

Fig. 262.

En agissant ainsi, l'influence se trouve également répartie sur les deux fils et contrarie l'effet des fils voisins tendus sur les mêmes supports (fig. 262).

Malgré le coût un peu plus élevé de ce genre de pose, cette disposition donnée au circuit offre des avantages tels qu'on ne peut que le recommander si l'on tient à obtenir le meilleur résultat possible d'une installation téléphonique.

LIGNES AÉRIENNES

Les lignes téléphoniques se distinguent des lignes télégraphiques à deux points de vue bien caractéristiques et que nous allons exposer ici.

Les lignes téléphoniques comprennent un nombre de fils beaucoup plus considérable que les autres. Les lignes de cent fils et davantage sont d'usage courant en téléphonie ;

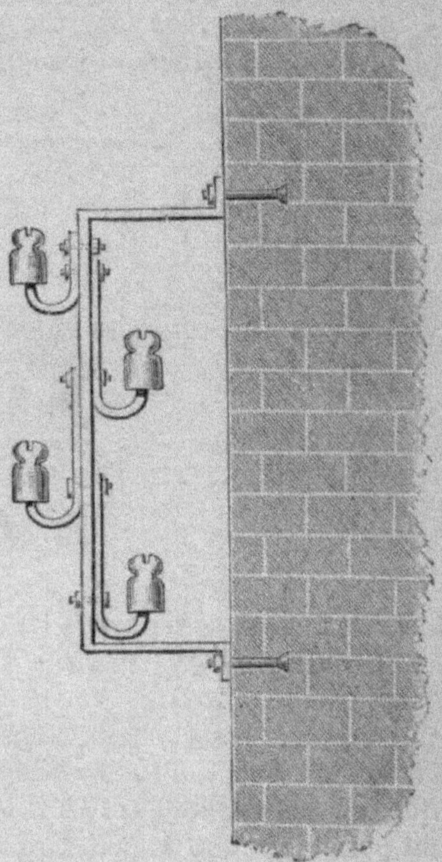

Fig. 263.

elles sont établies à l'intérieur des villes pour la presque totalité de leur parcours, tandis que c'est l'inverse qui a lieu en télégraphie.

La pose de ces lignes nécessite donc des dispositifs spéciaux, pour lesquels on doit tenir compte des conditions locales bien plus que lorsqu'il s'agit de lignes télégraphiques. Mais il est peu pratique d'employer comme supports des poteaux chargés de cent fils et plus, bien que, dans certains cas, on ne puisse absolument pas faire autrement.

Il est préférable de sceller des supports solides dans les façades des maisons, le plus haut possible pour dissimuler ces toiles d'araignées métalliques et éviter la gêne que ne manquerait pas d'apporter à la circulation des véhicules et des piétons la pose des poteaux ordinaires dans les rues étroites.

La figure 263 représente la forme d'un support destiné à être posé sur la façade d'une maison ; le support de la figure 264 se fixe sur un pignon. D'autres peuvent se poser sur le toit même ; ils affectent l'aspect de chevalets, et cette disposition est celle qui doit être choisie de préférence chaque fois que l'on a un très grand nombre de fils à soutenir.

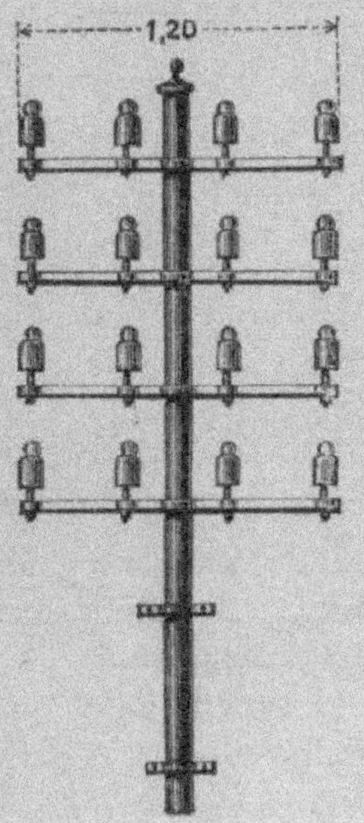

Fig. 264.

Les lignes téléphoniques aériennes pour distributions urbaines sont ordinairement établies en fils de bronze nu de 15 dixièmes de millimètre (1 mm. 5) de diamètre, et reposent sur des isolateurs en porcelaine émaillée forme double cloche, lesquels sont fixés à leur tour par des consoles en fer à double coude, soit aux poteaux, soit aux chevalets dont il vient d'être question.

Dans les lignes interurbaines de grande étendue, le diamètre des fils de bronze est un peu augmenté et porté à 2 mm. 5, et les deux fils desservant chaque poste télépho-

nique sont placés l'un à côté de l'autre. Il est indispensable,
ainsi qu'il résulte de ce que nous avons exposé plus haut,
d'adopter pour ces services des circuits entièrement métalliques, constitués par deux conducteurs identiques placés
parallèlement et symétriquement par rapport aux conducteurs voisins, afin d'annuler l'induction mutuelle. Lorsque
les faisceaux de lignes urbaines comprennent un nombre
très élevé de fils aériens, les deux fils composant chaque
circuit ne se croisent pas, parce que l'induction réciproque
des fils se fait équilibre dans chacun d'eux.

Deux considérations principales interviennent d'ailleurs
dans le choix des dispositions à donner aux réseaux et
sont déterminées par les conditions locales et le plan général du réseau. Il faut d'abord que les fils soient unifor-
mément partagés en une série de couches horizontales
conservant toujours entre elles un parallélisme rigoureux.
Il est essentiel, en effet, que les fils gardent dans le réseau
tout entier leur position relative, car cela facilite notable-
ment l'entretien du réseau et rend les accidents, surtout
les mélanges de fils, beaucoup plus rares.

La deuxième considération, dont il y a lieu de tenir
compte pour le dispositif adopté, est la résistance mécanique du système, laquelle doit être aussi grande que possible. Il faudra donc s'attacher, dans chaque cas particulier,
à satisfaire du mieux possible à ces deux conditions qui
détermineront les formes à donner aux supports, ainsi que
leurs dimensions et celles des haubans et contreforts.

Il est parfois impossible d'utiliser les maisons comme
point d'appui des supports et c'est alors qu'on est obligé
de recourir aux poteaux enfoncés dans le sol. Chaque fois
qu'on le pourra, on choisira, de préférence aux poteaux de
bois, des poteaux métalliques qui sont plus agréables à la
vue et exigent moins de soutiens latéraux. Quand on a des
poteaux très élevés et que les fils ne peuvent être fixés

qu'à leur sommet, il ne faut pas perdre de vue que l'effet
s'exerce à l'extrémité d'un bras de levier considérable,
dont le point fixe est le point où le poteau sort de terre. Il
est donc nécessaire d'avoir des haubans très solides.

Le danger que la foudre
fait courir aux réseaux téléphoniques est moins grand,
en réalité, qu'on s'est plu
dans les débuts à le laisser
croire, et il semble que ce
filet, composé d'innombrables fils métalliques s'éten-
dant au-dessus des toits
d'une ville, agisse comme
un véritable paratonnerre.
Néanmoins, et pour plus de
sécurité, il est utile de relier
à la terre, ainsi que nous
l'avons dit, les isolateurs ou
la tête des poteaux. Les paratonnerres proprement dits
ne sont indispensables que
dans certaines circonstances
spéciales pour des supports
ou des chevalets très élevés

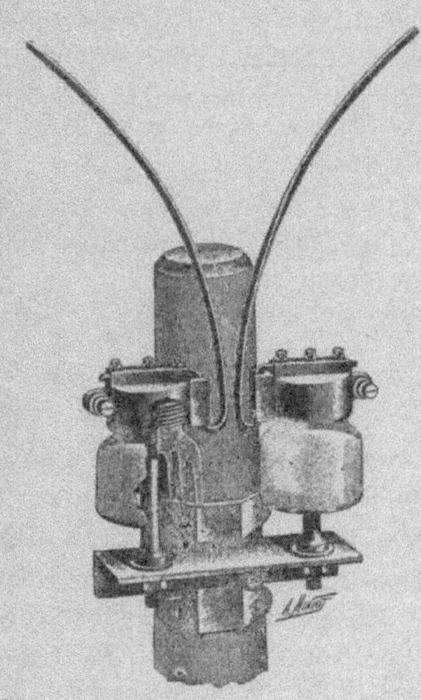

Fig. 264 bis. — Paratonnerre à cornes
pour courants de très haute tension ou poteaux très élevés.

et constamment exposés à la chute de la foudre.

Le bourdonnement des fils constitue encore un inconvénient sérieux des lignes aériennes, mais les conditions dans
lesquelles ce bruit prend naissance sont assez complexes.
Tantôt on entend un bruit très fort avec un vent faible, et
parfois c'est l'inverse qui a lieu. Le phénomène ne se ma-
nifeste, ni quand l'air est tout à fait calme, ni quand le
vent est très violent. Il est plus sensible sur les fils fortement tendus que sur ceux dont la tension est modérée, et

ce bruit peut se transmettre aux maisons sur lesquelles les supports sont scellés, d'autant mieux si le scellement est opéré directement dans la maçonnerie sans interposition de madrier, ce qui peut expliquer que le point d'appui est plus fixe avec la maçonnerie qu'avec le bois. Par suite de cette transmission directe des vibrations à l'édifice, ce bourdonnement pénètre à l'intérieur à travers les cheminées et toutes les baies de la construction. Pour remédier

Fig. 265. — Sourdine.

à cette incommodité, il faut non seulement chercher à amortir les vibrations des supports, mais encore s'attacher à empêcher le bourdonnement des fils qui, frappés par l'air en mouvement, rendent un son continu, plus ou moins grave ou aigu, comme une corde sonore frottée par l'archet.

On a préconisé divers moyens pour empêcher ces vibrations et le son qui en résulte, et celui qui a reçu le plus d'applications est la *sourdine*, laquelle se compose d'un fil de plomb de 5 millimètres de diamètre et 5 centimètres de longueur soudé au fil métallique au point où la vibration atteint son maximum d'intensité, c'est-à-dire aux *ventres*, et qui empêche son mouvement (fig. 265 et 266).

Toutefois, il faut remarquer que ces adjonctions au fil même ne sont pas sans présenter certains inconvénients. Les points du conducteur où se trouvent les attaches des

sourdines s'oxydent rapidement, ces attaches retenant
l'humidité, et il en résulte un danger au point de vue de la
résistance de la ligne. On peut encore empêcher le fil de
vibrer en rendant son point d'attache mobile, par exemple
en garnissant les isolateurs d'un collier de caoutchouc ou
de feutre que l'on protège par une chemise métallique, et
on enroule le fil sur ce collier. Ce procédé amortit les vibrations tant que les substances employées restent en bon
état. Mais déjà au bout d'un an le caoutchouc a perdu, par
suite des actions atmosphériques, presque toute son élas-
ticité ; le feutre ne se comporte pas beaucoup mieux.

Fig. 266.

L'amortisseur à chaine, que représente notre figure 265,
est basé sur le même principe. Il se compose essentiellement d'une chaîne, terminée par deux galets en porcelaine,
et qui est fixée à la place du fil sur l'isolateur ou sur le
support correspondant. Elle mesure environ un mètre de
longueur. Le fil est lui-même coupé en deux, et chacune de
ses extrémités est fixée à l'un des galets de porcelaine
absolument comme s'il s'agissait d'un isolateur. Pour
assurer la continuité électrique du circuit, on est obligé de
relier les deux galets par un fil métallique.

Ce système d'amortisseur est probablement le plus efficace ; un autre procédé analogue consiste à remplacer la
chaine par un ressort d'acier en spirale (fig. 266), que l'on
fixe sur l'isolateur, et aux extrémités duquel on attache la
ligne. Il n'y a plus besoin ici de fil auxiliaire, le ressort en
acier assurant la continuité électrique du circuit. Le montage et l'entretien sont plus faciles et moins coûteux qu'avec
le précédent.

Le bourdonnement des fils est une question dont il faut très sérieusement se préoccuper avant de procéder à la pose des lignes téléphoniques aériennes, sans quoi on pourrait être obligé de déplacer certains supports. En général, il est bon, au moment où l'on procède à l'installation, de ne pas négliger l'usage des moyens préventifs. Il faut, avant tout, chercher à avoir des portées aussi faibles que possible et employer de préférence des fils légers, qui vibrent moins et sont par suite plus silencieux que les fils lourds. C'est pourquoi le fil de bronze est celui qui convient le mieux à tous égards et reste le plus recommandable pour ces applications.

LIGNES SOUTERRAINES ET CABLES

Dans le but de supprimer autant que possible les fils aériens, dont nous venons d'exposer les inconvénients, on a préféré, pour les réseaux téléphoniques importants et dans les grandes villes, réunir les conducteurs en faisceau serré et en faire des câbles comprenant de 25 à 100 circuits ou lignes distinctes. Ces câbles sont composés de conducteurs en cuivre, de 7, 8 ou 9 dixièmes de millimètre de diamètre, et ils sont étendus dans un caniveau, ou, dans les villes qui possèdent une canalisation d'égouts de grande section, comme à Paris, ils sont fixés aux parois par des crampons en fer enfoncés dans la maçonnerie.

Pour préserver les fils de ligne de l'humidité et des autres causes de détérioration, on entoure le faisceau d'une enveloppe protectrice en jute imbibé de paraffine, ou d'une substance équivalente présentant une faible capacité spécifique. Cette couche de matière formant matelas est ensuite recouverte d'un ruban goudronné ou quelquefois d'un tube de plomb.

Suivant une méthode préconisée par M. Patterson, on peut remédier aux phénomènes d'induction mutuelle résultant de la réunion des fils conducteurs en botte, ainsi qu'au courant de charge en cas de circuits simples avec retour par la terre, en disposant un gros fil de cuivre dans l'axe du faisceau de conducteurs. Les courants induits et ceux de charge prenant naissance dans ce fil central sous l'influence des autres fils, équilibrent en partie sur ceux-ci l'effet auquel on veut remédier. MM. Felten et Guillaume de Mulheim, de la Mathe, Siemens et Halske obtiennent le même résultat en enroulant autour de chaque fil isolé une feuille très mince de métal exerçant la même influence régulatrice que celle du fil central employé dans le système Patterson, et la gaîne extérieure en plomb concourt pour sa part à cet effet.

Mais la solution la plus simple consiste encore, comme pour les lignes aériennes, à employer des circuits entièrement métalliques pour l'aller et le retour; on évite ainsi les phénomènes d'induction mutuelle sans augmenter la capacité des câbles. Mentionnons aussi les essais tentés avec des isolants contenant la plus grande proportion d'air possible, l'air possédant une capacité électrique bien inférieure à celle des diélectriques solides. Dans cet ordre d'idées, on a imaginé les câbles avec revêtement en pâte à papier, séchée et enrobée dans une enveloppe de coton. Comme cet isolant est peu coûteux, il peut être disposé en couches de forte épaisseur, et le faisceau de fils est en outre protégé, comme précédemment, par une gaine en plomb; et les extrémités du câble sont soigneusement paraffinées pour éviter la pénétration de l'humidité.

Un conducteur double ainsi isolé et revêtu ne présente qu'une capacité de 0 07 microfarad par kilomètre; l'isolement atteint 160 mégohms par kilomètre, ce qui, dans la pratique, est plus que suffisant. C'est là le type de câble adopté par la *Metropolitan Telephone Cⁱ* de New-York, et choisi également pour le réseau de la ville de Milan.

Un autre modèle de câble isolé avec papier armé est celui qui est fabriqué par les usines Felten et Guillaume de Mulheim-sur-Rhin. Chaque circuit comprend deux fils de cuivre séparés par une épaisse bandelette de papier que l'on enroule ensuite autour de ces fils. Un certain nombre de circuits, disposés suivant cette méthode, sont réunis en un faisceau protégé par un revêtement de coton et enfermé ensuite sous une gaîne de plomb qui empêche absolument la pénétration de l'humidité. Grâce à la couche isolante interposée entre les deux fils et à la faible capacité inductive du papier et de l'air, la capacité kilométrique de ces câbles ne dépasse pas 0,08 microfarad.

En France, les câbles employés dans les réseaux de téléphonie urbaine sont disposés d'après des principes analogues, et la Société industrielle des Téléphones a étudié toute une série de types de câbles téléphoniques de haut isolement et de faible capacité spécifique, s'appliquant à toutes les circonstances.

De toute manière, la capacité des câbles est beaucoup plus considérable que celle des lignes aériennes, et il suffit de relier à une ligne téléphonique de ce dernier genre mesurant 50 kilomètres de longueur, un câble assez court, de 2 kilomètres par exemple, pour rendre les communications très pénibles et presque impossibles. Cet inconvénient restreint donc l'usage des câbles aux services urbains, les correspondances téléphoniques à grande distance ne pouvant s'effectuer convenablement qu'avec des lignes aériennes.

Les câbles téléphoniques peuvent être placés sur des supports à l'air libre quand, par suite des circonstances ou du manque de place, on est obligé de renoncer aux fils aériens ordinaires ou que la pose en souterrain ou en caniveau de ces câbles n'est pas réalisable. Mais il est évident que cette solution ne présente ni les avantages des câbles souterrains qui ne gênent aucunement la vue et sont particulièrement à l'abri de toutes les perturbations atmosphériques : pluie, neige, orages, etc., ni ceux des lignes aériennes, lesquelles, outre qu'elles sont d'une pose beaucoup moins onéreuse, se prêtent avec une bien plus grande facilité aux nombreux branchements que l'on est obligé de faire dans les réseaux de distribution téléphoniques. Le seul avantage, c'est que ce genre de câbles présente, sur ceux disposés en souterrain, une déformation beaucoup moindre des ondes électriques qu'ils transportent. Dans un câble souterrain qui se trouve noyé dans la terre, c'est-à-dire dans un milieu relativement bon conducteur, chaque âme a, par rapport au milieu ambiant, un coefficient d'induction et de capacité très élevés, d'où résulte cette déformation du courant électrique qui traverse cette âme. Or, cette déformation est beaucoup moins sensible avec les câbles aériens, l'air pouvant être considéré comme un isolant beaucoup plus efficace.

On voit que chacun des trois systèmes : lignes aériennes, câbles suspendus et câbles souterrains, ont chacun leur raison d'être, ainsi que leurs avantages particuliers et leurs inconvénients. Dans un réseau important, on s'efforcera donc de combiner judicieusement ces trois procédés, de façon à tirer le meilleur parti possible de chacun d'eux.

Les câbles n'ayant, en général, comme garniture extérieure, qu'une chemise de plomb qui n'offre qu'une très faible résistance à la traction, on ne peut les tendre librement d'un support à l'autre ; il faut toujours, entre les deux supports, tendre un fil d'acier suffisamment résistant et auquel on suspend le câble. Notre figure 267 montre l'aspect d'une partie de câble dans lequel le fil d'acier est enroulé en spirale autour de celui-ci. On peut encore supporter ce câble au moyen d'une série de petits manchons à travers lesquels passe le câble, et qui sont suspendus à un fil d'acier de 4 à 5 millimètres de diamètre, lequel est attaché à son tour par des crochets en fer, aux façades ou aux toits des maisons.

Lorsque les câbles sont placés sous terre, il est indispensable de les loger dans un caniveau, la gaine de plomb ne constituant qu'une armature insuffisante. Ce caniveau peut être fait avec des fers en V ou des fers Zorès ; on peut en-

Fig. 267.

core l'établir en briques ou en ciment armé. On le creuse ordinairement à un mètre de profondeur, il y a avantage à poser les câbles d'une seule pièce ; on évite ainsi les soudures qui, pour des câbles contenant 25 à 50 âmes, constituent toujours une opération délicate et ne peuvent manquer d'être un point faible de la ligne.

Lorsqu'il s'agit de transmissions téléphoniques entre une île et le continent, comme par exemple dans le circuit Paris-Londres, la mer est franchie par un câble sous-marin analogue comme construction aux câbles télégraphiques employés pour les communications transatlantiques, et isolé comme ceux-ci par une ou plusieurs couches de gutta-percha recouvertes ensuite d'un matelas de matières élastiques et d'une armature en fils de fer de 7 millimètres.

Dans la ligne Paris-Londres, de même que dans celle

reliant Buenos-Aires à Montevideo, la section sous-marine mesure une longueur de 37 kilomètres et demi environ. Sur ce trajet, les lignes sont constituées par quatre conducteurs enroulés deux à deux, de façon à former deux circuits distincts. On a calculé les proportions à donner aux différentes conditions d'établissement de la ligne, de façon que les facteurs capacité et résistance ne dépassent pas une certaine limite. Ces grandeurs une fois déterminées, le problème se réduit à fixer le diamètre du câble, d'où doit résulter son prix de revient, tout en assurant la transmission parfaite des sons.

D'après M. Preece, la limite des transmissions téléphoniques dépendant de la résistance et de la capacité totales de la ligne ainsi que de la nature même celle-ci, on peut la calculer facilement comme suit :

En exprimant la résistance totale en ohms, et la capacité en microfarads les limites supérieures du produit de ces deux grandeurs, pour conserver des communications téléphoniques intelligibles, sont de :

15.000 ohms microfarads pour des fils aériens ;

12 000 ohms-microfarads pour des câbles et fils souterrains ;

10.000 ohms-microfarads pour des fils de fer galvanisés aériens.

En se conformant à ces indications fournies par l'expérience, on est assuré d'obtenir des communications téléphoniques toujours claires, quelle que soit la distance séparant les postes et de quelque nature que soit la canalisation.

CHAPITRE VI

LES BUREAUX TÉLÉPHONIQUES CENTRAUX

Rien ne présente plus d'importance, pour le fonctionnement régulier d'un service étendu de téléphonie à la disposition du public, que le Bureau central. Ce dernier doit être organisé de façon à pouvoir satisfaire à toutes les demandes de communication qui peuvent lui parvenir d'un poste quelconque du réseau. Il lui faut donc être muni de tous les appareils facilitant et opérant dans le temps le plus court possible, la mise en rapport des abonnés.

Le problème du Bureau central téléphonique parfait est un de ceux qui ne sont pas encore résolus d'une façon complète. Le développement extrêmement rapide pris par la téléphonie dans tous les grands centres où la vie intellectuelle, industrielle et commerciale est intense, a démontré que les bureaux centraux, même les plus récemment installés, ne répondent pas complètement aux divers desiderata formulés par les abonnés. Il est encore grandement nécessaire, au moins dans les villes très peuplées, de les améliorer sensiblement pour qu'ils puissent répondre plus efficacement au but pour lequel ils ont été créés.

Un réseau urbain de téléphones comprend un certain nombre de postes microtéléphoniques reliés chacun par une ligne de deux conducteurs au bureau central qui est chargé de réunir deux à deux, suivant la demande qui lui en est adressée, les lignes des abonnés qui désirent correspondre ensemble. Les administrations de téléphones n'installent en général dans une ville de moyenne importance qu'un seul bureau qui devient par conséquent le centre de tout le service. Toutefois on doit faire exception pour les capitales telles que Paris, Londres, New-York, etc., extraordinairement populeuses et de grande étendue, dans lesquelles le réseau est divisé en plusieurs sections dont chacune est desservie par un bureau spécial. Ces bureaux secondaires sont tous reliés entre eux et au bureau principal au moyen d'un certain nombre de lignes directes. Grâce à cette disposition, le développement total des conducteurs et la quantité de fils employés sont beaucoup moins élevés que dans le cas d'un bureau unique. Mais en multipliant le nombre des bureaux secondaires, on augmente forcément le nombre des employés nécessaires pour fournir les communications entre deux abonnés n'appartenant pas à la même section, et cet agencement donne forcément lieu à des retards et à des attentes excessives qui exaspèrent à bon droit les personnes demandant une correspondance, en même temps qu'il occasionne une augmentation de frais généraux très sensible pour l'exploitation.

Il en résulte que le premier système, celui du bureau central unique, doit être préféré à l'autre, celui comportant un nombre variable de bureaux secondaires, pour l'économie du personnel et la rapidité des communications. Il est beaucoup plus avantageux à tous égards.

Lorsqu'un réseau de téléphones est pourvu de canalisations aériennes, le bureau central est organisé de préférence dans les étages supérieurs des bâtiments consacrés à ce service. Un grand pylone métallique, un châssis en forme de tour, est agencé sur le toit, et c'est de cette tourelle que partent dans toutes les directions les fils se rendant par le trajet le plus direct au domicile de chaque abonné. Tous ces fils, réunis en faisceaux, forment des câbles qui pénètrent par la toiture jusqu'à l'intérieur du bâtiment, et ils aboutissent à un commutateur à fiches auquel parviennent également les câbles provenant d'un autre bureau central. Ce commutateur a pour but de donner la possibilité d'interrompre le courant sur le circuit de l'un ou de l'autre des abonnés pour en vérifier l'état ou exécuter les diverses transpositions exigées par le service. Il est complété par des parafoudres et des coupe-circuits automatiques mettant toutes les lignes en rapport avec la terre en cas de surcharge électrique due à un orage.

Les appareils de tout bureau central sont de deux catégories : les annonciateurs et les commutateurs. Les premiers sont destinés à appeler l'attention de l'employé du bureau central lorsqu'un abonné demande une communication ; les seconds ont pour but de permettre à l'employé d'établir de la façon la plus simple et la plus rapide la jonction entre deux quelconques des lignes aboutissant au bureau.

L'annonciateur téléphonique est un appareil analogue à celui qui est employé pour les sonneries électriques ; il se compose d'un électro-aimant disposé verticalement et agissant sur une armature mobile autour d'un axe. Au repos, cette armature maintient enclanchée une petite plaque qui s'abat lorsque le courant parvient à l'électro, et que l'armature en oscillant dégage cette plaque. Cette plaque porte le numéro de l'abonné qui désire obtenir une communication et sa chute prévient l'employé qu'on réclame

ses services, car elle ferme un circuit local sur une sonnerie à trembleur qui fonctionne sans arrêt jusqu'à ce que la
plaque ait été replacée dans sa position de repos. De cette
façon, aucun appel ne peut passer inaperçu, et cette disposition est surtout précieuse pour le service de nuit, pendant lequel les appels sont moins fréquents et le nombre
des employés réduit, en sorte qu'il est impossible à ceux-
ci d'avoir les yeux fixés sur tous les annonciateurs du bureau.

Un inconvénient de ce système d'annonciateur provient
de ce que les noyaux en fer doux de l'électro gardent une
certaine force coercitive (magnétisme rémanent ou self-induction), et maintiennent l'armature collée aux pôles même
quand le courant a cessé de passer. Ce défaut, qui rend
l'appareil inutilisable, se produit plutôt avec les annonciateurs fonctionnant avec des piles qu'avec ceux recevant des
courants alternatifs, et il est d'autant plus apparent que
l'annonciateur est plus sensible. Le même phénomène peut
encore avoir pour cause les courants telluriques. On peut
éviter toutefois ces fâcheux effets en donnant aux électros
des dispositions convenables.

On prend des électros avec bobines en laiton fendues suivant la génératrice du cylindre, et dont le noyau est en fer
soigneusement recuit. Les différents tours successifs de fil
sur la bobine sont isolés l'un de l'autre par du papier paraffiné ; le fil mesure un et demi à deux dixièmes de millimètre de diamètre ; la résistance est de 100 ohms environ.
Le cuivre employé doit être de haute conductibilité ; la
plaque, pour tomber, ne doit pas exiger un courant d'une
intensité supérieure à 0,8 milliampère (fig. 268).

A côté des annonciateurs, se trouve, dans tout bureau
central, un deuxième organe essentiel qui est le *commutateur*, appareil qui permet de relier l'une à l'autre deux
quelconques des lignes aboutissant au bureau, ou cette

ligne avec un des circuits reliant ce bureau à un autre. A l'origine, on employait des commutateurs à barres, ana-logues à ceux dont il est fait usage pour la télégraphie. Ces appareils, dits *commutateurs suisses*, se composent d'un certain nombre de barres de laiton, fixées dans deux plans parallèles, de manière à se couper à angle droit, mais les lames verticales sont isolées des lames horizontales super-

Fig. 268.

posées par un dé en fibre ou en ébonite. Aux points de croisement de deux barres perpendiculaires, se trouvent des trous cylindriques traversant le métal et l'isolant ; ces trous sont destinés à recevoir des chevilles métalliques qui établissent temporairement la communication entre les barres. Aux lames verticales viennent se souder les fils de sortie des annonciateurs; les fils d'entrée de ces mêmes lames étant reliés aux lignes des abonnés. L'une des lames horizontales, la dernière le plus souvent, est reliée à une bonne prise de terre; elle reçoit en même temps toutes les chevilles ou *fiches*, à la position de repos. Tous les fils de ligne communiquent donc ainsi, au bureau central, avec la terre, en passant par les parafoudres, les annonciateurs et les lames du commutateur.

Lorsque deux abonnés quelconques, A et B par exemple, veulent communiquer ensemble, on retire les chevilles correspondant à ces abonnés de la dernière lame, et on les enfonce dans une lame horizontale quelconque sur laquelle il n'y a encore aucune fiche de placée. Le courant arrive de la ligne à travers l'annonciateur et la lame verticale à la première cheville; il traverse ensuite la lame horizontale au-dessous du tableau, puis, de là, la lame verticale correspondante, l'annonciateur de l'abonné B et enfin la ligne conduisant au poste de cet abonné.

Pour que le service soit possible, il faut que l'employé du bureau puisse appeler les abonnés et se mettre en communication avec eux. A cet effet, on dispose au bureau un poste téléphonique complet et un générateur de courant, batterie de piles ou machine magnéto-électrique, et l'on relie ces appareils à deux lames horizontales particulières du commutateur.

Quand la fiche de l'une quelconque des lames verticales est retirée de sa position de repos et placée sur une autre barre, le téléphone du bureau se trouve relié au poste de l'abonné correspondant et la communication entre eux se trouve établie. Si l'on place la fiche sur la barre d'appel, le courant électrique produit par le générateur du bureau actionne l'appel de l'abonné.

Lorsqu'un abonné A désire correspondre avec un autre abonné B, il envoie dans la ligne, au moyen de son bouton d'appel, un courant qui fait tomber au bureau la plaque de son annonciateur. L'employé, appelé par le bruit de la sonnerie, se met en communication avec le demandeur en déplaçant sa fiche comme il a été dit et après avoir raccroché la plaquette de l'annonciateur. Informé du numéro de l'abonné qui est demandé, l'employé appelle ce dernier en mettant pendant quelques secondes la fiche de sa barre sur la barre d'appel. Ceci fait, les deux chevilles sont enfoncées dans une barre inoccupée et la conversation entre les deux abonnés peut commencer. Quand elle est terminée, il faut que le bureau central en soit informé, sans quoi la communication entre les deux lignes demeurerait établie d'une façon permanente. C'est pourquoi, la conversation une fois achevée, l'abonné A envoie un courant dans la ligne ; les plaques des deux annonciateurs tombent à la fois et l'employé est averti qu'il est inutile de maintenir la communication plus longtemps. Il rompt donc les connexions en mettant de nouveau les fiches de chaque abonné A et B sur la barre d'appel, dans la position de repos.

Comme le nombre de lignes aboutissant à un bureau téléphonique est toujours très élevé, on a reconnu que ce type de commutateur, tel qu'il est établi pour la télégraphie, était d'un usage défectueux pour le téléphone. On a donc modifié sa construction de différentes manières, car il était difficile de construire ces tableaux de façon à ce que les manœuvres qu'ils exigent puissent s'exécuter dans le moins de temps possible, et que les combinaisons qu'ils permettent de réaliser s'effectuent avec le moins de chances d'erreur possible. On peut leur reprocher encore leur grand encombrement, dès que le nombre des abonnés à desservir est un peu considérable, et c'est pourquoi on a remplacé presque partout le *commutateur suisse* par le système dit à *spring-jack*.

Le *spring-jack*, ou plus sommairement le *jack*, n'est plus un commutateur, mais un dispositif reposant sur le principe suivant : une lame élastique reliée à l'un des fils de ligne repose à l'état normal sur un contact mobile communiquant avec la bobine de l'annonciateur de l'abonné. L'autre fil de ligne est également relié à cet annonciateur ainsi qu'à la garniture métallique d'un orifice dans lequel on introduit la fiche de jonction désignée vulgairement sous le nom de *jack-knife* (fig. 269). Cette fiche est composée de deux parties isolées entre elles ; chacune d'elles est en relation avec un cordon souple contenant deux conducteurs et que l'employé du bureau peut relier soit à son téléphone soit à une autre fiche identique. En introduisant donc cette fiche ou *jack-knife* (fig. 270), dans le trou du jack corres-

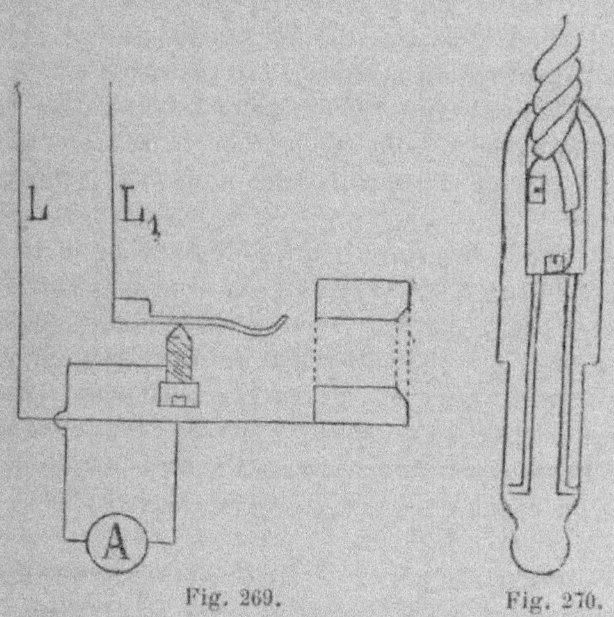

Fig. 269.   Fig. 270.

pondant à la ligne de l'abonné, la lame élastique de celui-ci se lève par l'effet d'un bouton qui se trouve à l'extrémité de la fiche et qui met en communication avec le fil de ligne L^1 une des extrémités du conducteur souple. L'autre, qui touche à la garniture métallique de l'orifice du jack, reste en communication avec la ligne L. L'annonciateur étant une résistance nuisible, est mis hors circuit.

Dans le modèle de tableau dit « Standard » pour fils doubles, les jacks et les annonciateurs se trouvent réunis au nombre de 100 sur les différents rayons superposés d'un grand panneau vertical. Un certain nombre de fiches doubles servent à raccorder ces jacks et sont reliées à des commutateurs disposés sur le tableau. Lorsque le nombre des abonnés dépasse une centaine, on accouple les rayons semblables ensemble, et ils sont raccordés entre eux par les jacks et les fils de service. Si un abonné demande la communication avec un abonné faisant partie d'un autre tableau, l'employé au tableau du demandeur doit interpeller son collègue chargé du service du tableau dont l'abonné demandé fait partie, afin d'effectuer le raccord entre ces deux tableaux par l'intermédiaire d'un des jacks de service.

Quand le nombre des abonnés desservis par le bureau dépasse 1.200 ou 1.500, ces demandes sont très fréquentes et donnent lieu à des manœuvres assez compliquées, augmentant ainsi les chances d'erreur dans les communications et les lenteurs dans les correspondances demandées. Ce tableau constitue donc un système d'appel central qui ne s'applique que dans les installations de moyenne importance et dont on ne prévoit pas l'extension.

Tableaux multiples. — Le point faible des différents systèmes dont il a été question dans le présent chapitre consiste donc dans l'établissement des communications d'un tableau à un autre et dans la difficulté que présentent les connexions des lignes aboutissant à deux tableaux éloignés l'un de l'autre. Cette difficulté disparaît avec le système des tableaux multiples imaginés en Amérique par MM. Hopkins et Wilson. Ce système permet en effet à chaque employé de relier entre eux, non seulement les fils qui font partie de son propre tableau, mais encore *tous les fils* qui aboutissent au bureau central, et cela sans être obligé de s'adresser à aucun des autres employés du bureau.

Le temps nécessaire pour établir une communication se trouve ainsi réduit de plus de moitié.

Les lignes qui pénètrent dans le bureau sont divisées par groupes de deux cents, mais chacun des tableaux construits pour ces deux cents lignes est pourvu de contacts pour toutes les autres lignes du bureau. Tous les contacts qui, dans les différents tableaux, correspondent à une seule et même ligne sont reliés entre eux et ceci permet à chaque employé d'effectuer sur son propre tableau, sans le secours d'aucun collègue, toutes les communications qui lui sont demandées.

En supposant le cas d'un réseau de distribution à fils simples, chaque ligne d'abonné possède un jack sur chacun des tableaux du bureau. La même ligne passe ainsi successivement par une série de jacks 1, 2, 3, 4, etc., dits *jacks généraux*, tous reliés entre eux d'une façon permanente. Elle passe enfin dans un dernier jack dit *individuel*, fixé à la partie inférieure d'un des tableaux, et relié à l'annonciateur.

Quand un abonné appelle le bureau, la plaquette de son annonciateur s'abat, et l'employé prévenu introduit dans le jack individuel une fiche à l'aide de laquelle il se met en relation téléphonique avec l'abonné pour le prévenir qu'il est prêt à recevoir l'ordre de communication. Pour exécuter ensuite cet ordre, l'employé met en place une deuxième fiche, réunie à l'indicateur de « communication terminée » dans le jack général que l'abonné que l'on demande possède sur le tableau. Il lance l'appel à cet abonné en se servant du courant de la pile du poste et opère la jonction des lignes, laissant ainsi les deux abonnés parler ensemble. De cette façon, il suffit de deux employés pour le service de 100 jacks individuels.

Le point le plus délicat, dans les tableaux multiples, réside dans le montage qui nécessite un nombre de fils excessivement élevé. Il faut, en effet, entre deux tableaux, prévoir : 1° un fil de ligne pour chaque numéro ; 2° un fil d'épreuve pour chaque numéro, et 3° un fil local pour chaque annonciateur.

Dans un bureau central de trois mille abonnés, avec quinze tableaux, on devra faire aboutir à chacun de ces tableaux, dit M. Wietlisbach dans son ouvrage sur les *Téléphones*, 3.000 fils de ligne et 3.000 fils d'épreuve, plus, entre l'avant-dernier et le dernier tableau 2.800 fils locaux, entre le treizième et le quatorzième tableau 2.600 fils, et ainsi de suite ; le nombre moyen des fils entre deux tableaux peut être évalué à 7.500 environ. Il faut donc une étude très laborieuse pour arriver à loger et à fixer solidement cette quantité énorme de fils ; cependant, des sociétés puissantes se sont outillées pour l'exécution de ce travail de haute précision qui exige des ingénieurs habitués à ce genre de distribution, et des ouvriers d'élite. Les ateliers Postel-Vinay, entre autres, se sont fait une spécialité de ce genre de tableaux pour circuits métalliques en double fil, avec jacks en dérivation et effacement automatique des signaux d'appel et de fin de conversation.

Le circuit d'essai de ces tableaux est entièrement isolé de la terre et ne comporte aucune espèce de liaison commune aux différents postes d'opérateurs. Aussi ce système supprime-t-il absolument tout bruit étranger, tel que mélange de conversations ou induction par le voisinage des canalisations d'énergie électrique. Les tableaux peuvent desservir jusqu'à 12.000 abonnés et leur système se prête aux extensions qui suivent ordinairement le développement progressif d'un réseau. Selon la fréquence moyenne des communications pour chaque abonné, les tableaux Postel-Vinay sont établis sur des bases variables de 80, 100 ou 120 abonnés desservis par employé, et, parmi les installations réalisées d'après ces principes, on peut citer ceux de

Bordeaux, de Lyon, de Paris-Voltaire, de Paris-La Villette et de l'avenue de Saxe. Le bureau central de Paris-Voltaire, destiné à desservir au total 6.000 abonnés, est équipé pour 3.000, et chaque téléphoniste dessert 120 abonnés. Les jacks sont montés par réglettes de 50 en double rangée.

Le multiple comporte une table intermédiaire pour la liaison des circuits d'abonnés avec les tables du service interurbain, ainsi qu'un certain nombre de tables dites « d'arrivée » auxquelles aboutissent les lignes auxiliaires venant des autres bureaux. Dans les tables intermédiaires et d'arrivée, chaque téléphoniste dessert 16 lignes.

Les lignes auxiliaires de « départ » allant aux autres bureaux, ne possèdent pas d'annonciateurs ; elles sont répétées dans les différentes tables des abonnés, auprès de leurs jacks individuels. Au-dessus de chacun de ces jacks de départ se trouve un petit signal qui apparaît à toutes les tables quand la ligne est occupée à l'une d'elles.

Dans ce genre de tableaux, comme les trous des jacks sont groupés par rangées de vingt, on emploie ordinairement pour les desservir des câbles sans induction à vingt âmes. Il faut néanmoins une moyenne de 375 câbles de ce genre entre deux tableaux consécutifs ; il en faut même 440 entre les tableaux 14 et 15. Ces câbles représentent une longueur totale de 10 kilomètres au minimum le développement du fil nécessaire pour monter quinze tableaux dépasse donc 200 kilomètres. Le nombre des connexions à établir est naturellement en rapport avec la longueur du fil. A chaque trou de jack-knife aboutissent trois conducteurs. Un tableau multiple ayant 3.200 trous, cela fait 9 600 contacts à établir par tableau et 144.000 pour l'ensemble de quinze tableaux. Il va de soi que ces contacts doivent être soudés avec le plus grand soin, d'autant plus qu'avec cette quantité prodigieuse de fils et de points de soudure, les réparations ne peuvent s'exécuter qu'avec une extrême difficulté.

Actuellement, presque tous les réseaux de communications téléphoniques interurbains sont pourvus de tableaux multiples basés sur ces principes. Paris, Lyon, Bordeaux, en France ; à l'étranger, Christiania, Stockholm, Liverpool, Genève, Anvers, possèdent des appareils de ce genre.

Tableaux multiples diviseurs. — On calcule que ces tableaux permettent de faire face au service d'un bureau central unique desservant de 10.000 à 15.000 abonnés. Ce système dit « multiple diviseur », dans lequel chaque abonné dispose de deux sonneries pour courants opposés, est dû à MM. Kellog et Bouchard. La première sonnerie correspond à une moitié du nombre des abonnés et la deuxième à l'autre moitié. Ces sonneries appellent deux employés différents dont chacun dispose, non plus de la totalité, mais seulement de la moitié des lignes.

Ce système double la capacité efficace d'un bureau central. Dans les réseaux à fils doubles on peut diviser les commutateurs en quatre et même en huit groupements ; la combinaison de deux fils et d'un retour par la terre avec les courants intervertis se prête à huit appels différents.

La figure schématique 271 montre la disposition d'un circuit d'abonné avec ses jacks généraux, le jack individuel ou particulier, et l'annonciateur d'appel. Il montre également l'ensemble des communications pour une paire de cordons souples avec les clés d'appel et d'écoute et le poste d'opérateur.

Les deux fils du circuit d'abonné correspondent aux ressorts des jacks et à l'électro-aimant d'appel. Un troisième fil, entièrement localisé dans le bureau, relie l'électro d'effacement à la douille de tous les jacks correspondants Ce fil fait partie du circuit de disparition du signal, lequel est employé aussi pour l'essai qui précède l'enfoncement de la fiche dans un jack. Tout le temps que la fiche est ainsi dans le jack, le courant de la batterie P passe dans l'électro de disparition et maintient écartés de leurs butoirs respectifs les deux petits ressorts de l'annonciateur. L'électro d'appel se trouve donc ainsi complètement isolé du circuit de conversation, point très important, car il en résulte deux avantages très précieux :

1° Au moment où le signal de fin de conversation est donné, il n'existe pas de dérivation parasite dans l'électro d'appel, et une plus grande partie du courant est dérivée dans l'électro de l'annonciateur de fin de conversation ; le fonctionnement de ce signal se trouve par suite mieux assuré.

2° L'isolement de l'électro d'appel étant complet par rapport au circuit de conversation, aucune perte ou influence inductrice ne peut s'exercer par cet électro-aimant, d'où impossibilité du mélange des bruits d'appel ou de conversation d'un circuit sur un autre.

Les communications relatives aux attaches des cordons souples sont indiquées clairement sur cette figure. Nous ferons seulement remarquer que le circuit d'essai est entièrement distinct et isolé du circuit de ligne et de la terre. Aucune perte ne peut se produire, par cette disposition, d'un circuit d'employé téléphoniste à un autre, tous ces circuits étant respectivement isolés.

Ajoutons qu'un bureau central de grande importance, desservant plusieurs milliers d'abonnés a tout avantage à remplacer les piles primaires (piles Leclanché, voir volume *Sonneries*), par des accumulateurs chargés à l'aide d'une dynamo actionnée par un moteur à gaz. L'emploi des accumulateurs est en effet indispensable pour l'effacement des signaux d'appel et de fin de conversation, et quand les tableaux sont nombreux, la dépense d'énergie électrique finit par être considérable.

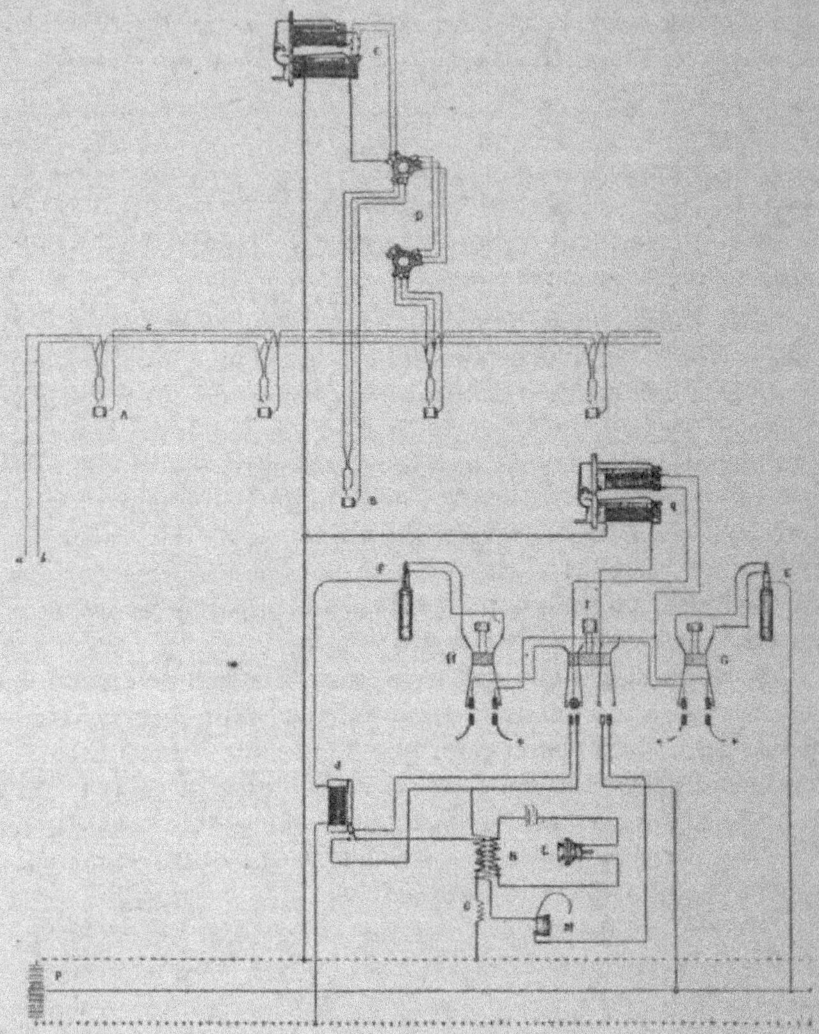

Fig. 271.

CIRCUIT D'UN ABONNÉ

a b Ligne. **A** Jacks généraux.
B Jack particulier. **C** Annonciateur d'appel.
D Répartiteur intermédiaire.

FICHES

E G Fiche et clé d'appel pour le demandeur.

F H Fiche et clé d'appel pour la demande.
I Clé d'écoute. **Q** Annonciateur de fin de conversation.
J Relais d'essai.

POSTE D'OPÉRATEUR

K Bobine d'induction. **L** Microphone.
M Téléphone.
O Résistance.
P Batterie d'effacement et d'essai.

Or, l'installation de nombreuses batteries de piles exige un emplacement assez vaste et l'entretien en est coûteux. Il est donc plus pratique et plus économique d'organiser une salle des machines contenant un moteur à gaz de quelques chevaux, avec une dynamo et les appareils de mesure et de sécurité nécessaires. Le courant électrique produit est emmagasiné au fur et à mesure dans les batteries d'accumulateurs disposées suivant les indications de la pratique dans un local voisin. C'est de ces accumulateurs qu'est envoyé le courant qui traverse les lignes et agit sur les microphones et les appareils d'appel.

INSTALLATION DES APPAREILS POUR GRANDE DISTANCE

Après les considérations exposées au cours de ce chapitre sur le fonctionnement des appareils et des lignes téléphoniques, il ne nous reste plus, pour compléter ces indications, qu'à dire un mot de l'installation des postes pour communications à grande distance, sans toutefois insister sur ce sujet, notre but n'étant pas d'étudier en détail dans cette modeste brochure, la question des grands réseaux d'intercommunication.

Au cas d'installation de deux postes en communication directe l'un avec l'autre (fig. 272), il suffit de relier les deux bornes supérieures des téléphones avec les fils de ligne, ou même l'une avec le fil de ligne et l'autre avec le sol si l'on emploie la terre comme retour. Dans le premier cas, la plaque du parafoudre devra être conduite séparément au sol, tandis que, dans le second, on la réunit avec la borne de ligne allant à la terre.

Pour la correspondance réciproque entre divers postes d'un même réseau, nous avons déjà indiqué quels sont les procédés qui sont entrés dans la pratique et montré qu'il était nécessaire d'intercaler un tableau commutateur central ; nous reviendrons encore sur ce sujet, dans la pensée que sa connaissance approfondie peut donner aux ouvriers

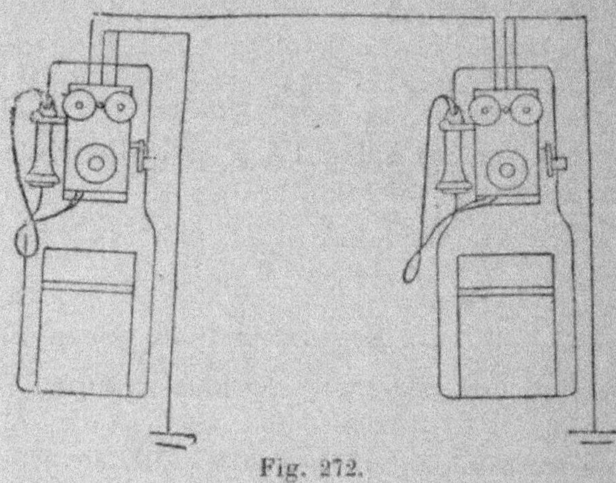

Fig. 272.

chargés de la pose ou des réparations certaines facilités pour la recherche des points défectueux d'un circuit.

Considérons donc, en premier lieu, le cas d'une installa-

Fig. 273.

tion à fil simple, c'est-à-dire avec un seul fil de ligne et retour par la terre, et nous examinerons avec plus de détails la circulation du courant dans ces réseaux.

La figure 273 représente le mécanisme interne des indicateurs à guichets, et la figure 274 montre l'ensemble d'un

commutateur à jack-knife, à fil simple, dont la partie électrique, qui paraît à première vue assez compliquée, se
réduit au schéma de la figure 275. Dans la position de
repos, les trois tiges, bien visibles sur la figure 276, qui
représente l'ensemble d'une installation de ce genre, sont

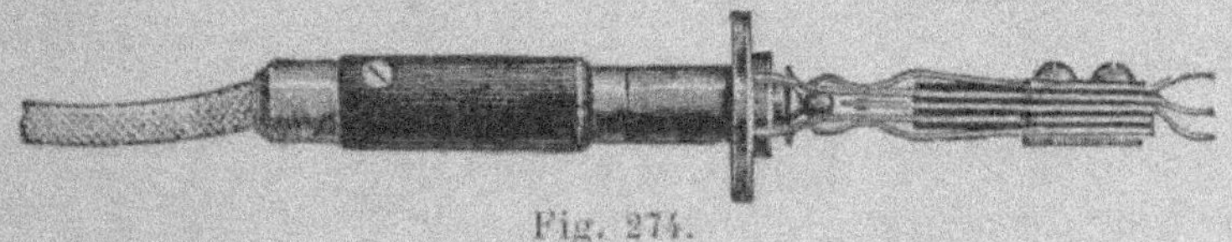

Fig. 274.

libres ; par conséquent, le courant pénétrant soit par la
ligne 1, soit par la ligne 2, est obligé de traverser les spires
de la bobine de l'annonciateur avant d'arriver dans le sol
où il se disperse.

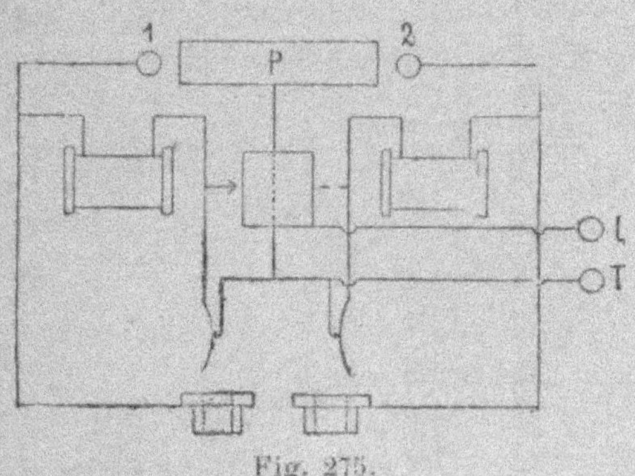

Fig. 275.

La plaquette métallique du guichet, en s'abattant, établit
un contact, de telle façon que l'appareil téléphonique central se trouve placé en dérivation sur la ligne parcourue
par le courant principal, et qu'il pourra ainsi recevoir l'avis
d'appel au moyen de sa sonnerie.

L'employé du bureau central, pour répondre, devra in-
troduire sa fiche dans le trou correspondant à la ligne de

l'abonné qui a sonné. Il se met ainsi en communication directe avec l'autre téléphone en mettant hors circuit,

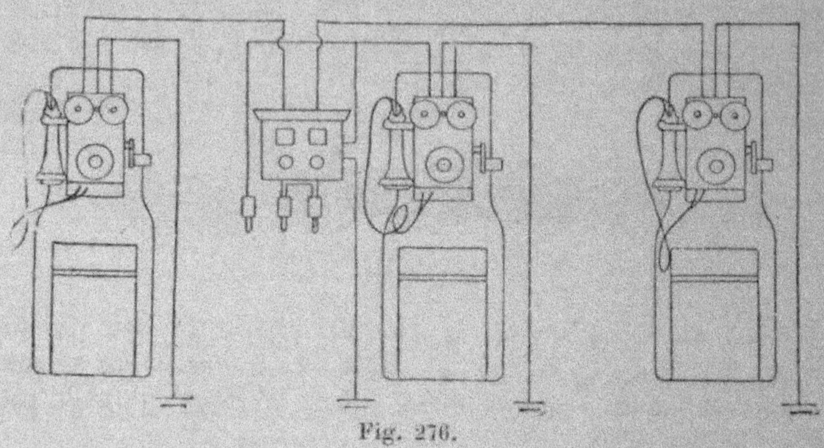

Fig. 276.

comme résistance inutile, la bobine de l'annonciateur. Si le bureau central est chargé de mettre en correspondance

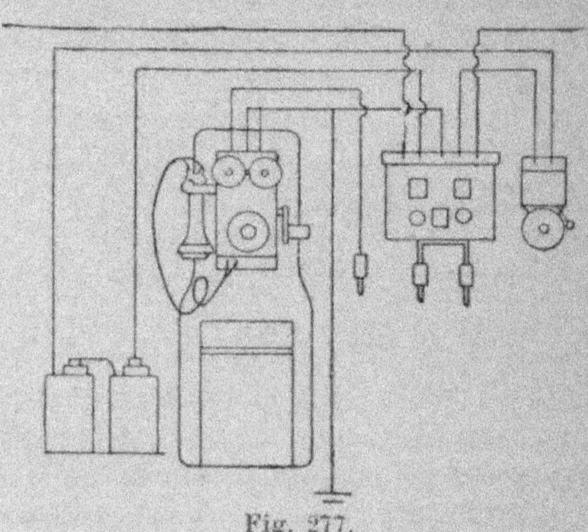

Fig. 277.

directe deux postes dont les lignes font partie du même tableau, l'employé introduit alors dans les deux trous correspondants les fiches à cordon souple montées sur l'appareil. L'une de ces fiches est entièrement métallique, tandis que l'autre porte, sur une partie de sa longueur une gaine isolante qui la sépare de la garniture métallique du jack qui est en communication directe avec la ligne.

On voit aussi que l'annonciateur servant à signaler la fin de la conversation reste dans le circuit. Il suffit, pour cela,

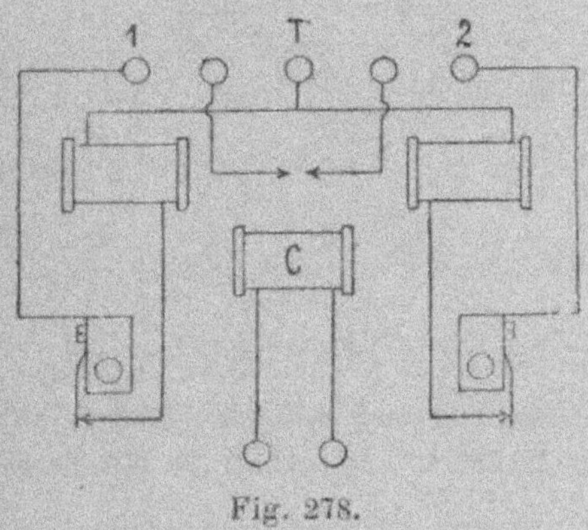

Fig. 278.

qu'un des postes latéraux, après que la correspondance est terminée, envoie un courant sur la ligne actionnant la bobine et la sonnerie du central. Il arrive fréquemment qu'il faut munir le bureau d'un appel à sonnerie continue, avertissant avec insistance qu'un abonné a demandé une communication, et cette adjonction est souvent des plus utiles dans les bureaux où les employés sont surchargés de travail.

La figure 277 donne l'aspect que présente l'ensemble de l'installation du bureau central, et la figure 278 le schéma des communications intérieures du petit central.

Dans ce dernier dispositif, les fiches ne font qu'éliminer la bobine de l'annonciateur en mettant les lignes en correspondance directe. Pour prévenir de la fin de la communication, il existe un annonciateur C, branché en série avec les deux fiches qui se trouvent en relations avec le central.

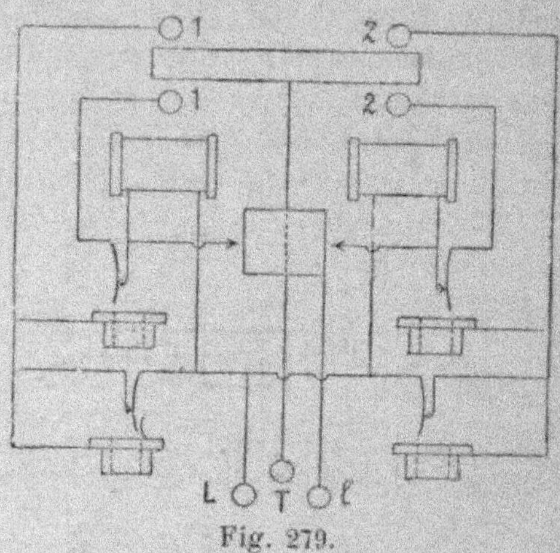

Fig. 279.

La sonnerie continue est ordinairement actionnée par le courant d'une batterie de piles ou d'accumulateurs spé-

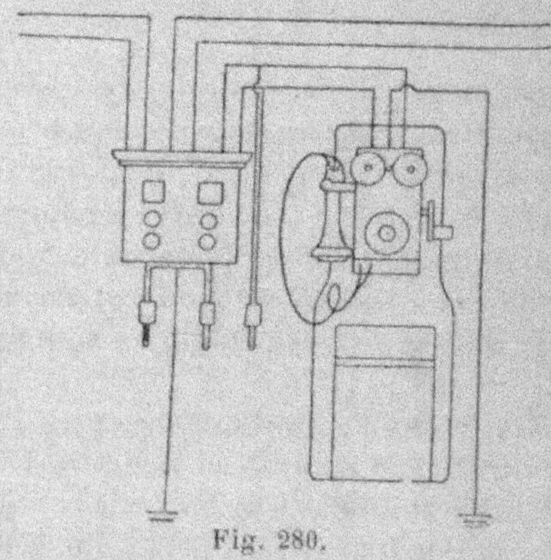

Fig. 280.

ciale, et elle ne cesse de tinter qu'au moment où l'employé relève toutes les plaques des guichets des annonciateurs.

Arrivons-en maintenant aux installations avec fils doubles.

Si l'on fait usage de jacks construits d'après le principe indiqué dans la figure 274, il est nécessaire d'en mettre sur le tableau central un nombre double de celui des lignes aboutissant à ce tableau. Le schéma de la figure 279 explique la raison de ce doublement des connexions.

Ces fiches ne sont pas faites d'une seule pièce, mais formées de deux parties isolées entre elles par une rondelle

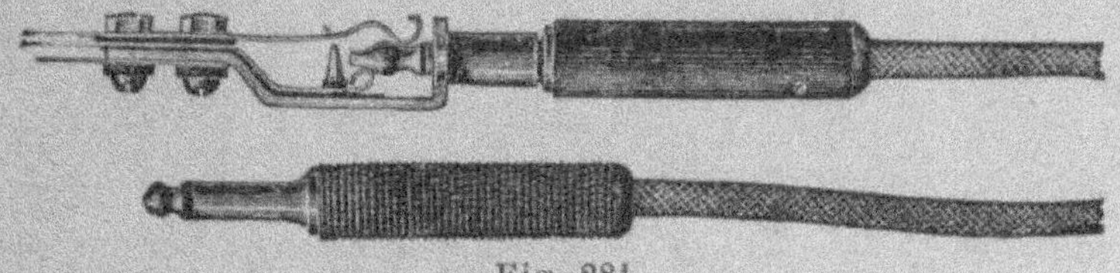

Fig. 281.

de fibre ou d'ébonite, ainsi que nous l'avons déjà expliqué au début de ce chapitre (voy. la fig. 269). La communication entre l'un des téléphones du même tableau et le central s'obtient en introduisant la tige dans le trou de la ligne supérieure du jack. La communication entre deux postes dépendant de tableaux différents est obtenue, au contraire, en utilisant une des deux fiches faisant partie de l'un des tableaux et qui est en relation avec les deux tableaux entre lesquels on veut établir une liaison, mais l'une de ces fiches est placée dans le rang supérieur et l'autre dans le rang inférieur des jacks. Une bobine annonciatrice de fin de conversation reste ainsi en dérivation dans le circuit. La figure 280 montre la disposition donnée, dans ce cas, au bureau central.

On peut encore employer un seul rang de jacks quand on se sert d'un modèle de jack spécial, comme celui représenté dans la figure 281. Les deux fiches montées sous le tableau sont construites d'après le dispositif que nous avons déjà décrit, mais avec cette différence que l'une d'elles est terminée d'ordinaire par une petite sphère métallique, tandis que l'autre porte une saillie en forme d'olive. Cette saillie a pour but de relier électriquement deux parties du jack qui sont normalement séparées l'une de l'autre, ainsi que le représente très nettement la figure explicative.

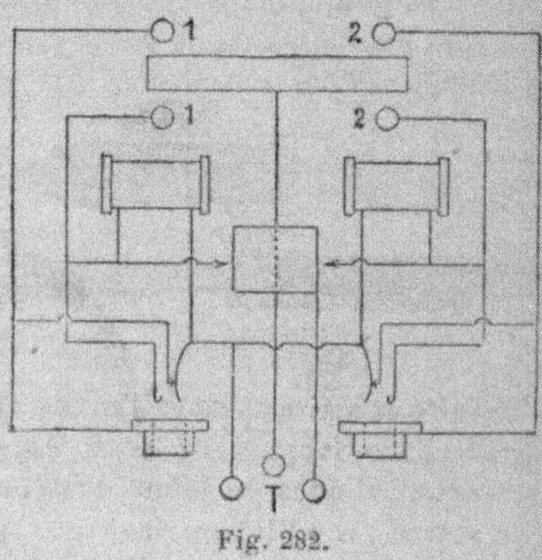

Fig. 282.

Si nous examinons maintenant le schéma des communications intérieures dans ce système de bureau central secondaire, et que l'on peut suivre sur la figure 282, on verra que le jack dans lequel on introduit la fiche terminée en olive comporte, pour une communication exécutée automatiquement par la fiche, la mise en circuit d'un annonciateur agissant comme signal de fin de conversation. Le tableau téléphonique et les manœuvres qu'il nécessite se trouvent ainsi grandement simplifiés.

CHAPITRE VII

DÉFAUTS ET RÉPARATIONS

Une des causes les plus fréquentes de dégâts dans les installations électriques en général, et par conséquent dans les installations de sonneries et de téléphones électriques, est sans doute la *perte de courant*, c'est-à-dire une petite dérivation continue de courant qui se forme, directement ou indirectement, entre les deux pôles de la source d'électricité. Si, dans ce cas, on n'y pare pas tout de suite, la pile s'épuise peu à peu, jusqu'à ce qu'elle devienne tout à fait inerte.

Cette perte de courant peut avoir lieu directement entre les deux fils sortant des pôles de la pile et en contact entre eux quand l'isolement est insuffisant, ou elle peut avoir lieu par l'intermédiaire d'un mur, s'il est humide, d'un conduit de gaz, en résumé par suite d'un isolement défectueux. Si la perte de courant réside dans les deux fils allant au bouton ou à l'appareil téléphonique, quand elle est d'une certaine importance, la sonnerie se mettra à tinter jusqu'à

épuisement complet de la pile. Les pertes directes entre les
deux pôles de la pile sont certainement les plus nuisibles,
parce que, sans aucun bruit, elles vident rapidement une
batterie entière de piles ; il faut alors avoir recours aux
services d'un ouvrier expérimenté pour prévenir des
dégâts encore plus importants. La localisation d'une perte
de courant dans une installation quelque peu étendue demande un travail généralement très long et minutieux,
qui exige une certaine habileté et surtout beaucoup de
patience.

Quand, dans une installation de sonneries électriques ou
de téléphones, le courant de la pile diminue de force tous
les jours, sans qu'on remarque extérieurement un défaut
quelconque, parce que si le timbre sonne continuellement
on en reconnaît la cause immédiatement, il faut d'abord
vérifier s'il y a la moindre perte de courant. On peut découvrir un indice en examinant la pile, qui, dans ce cas,
dégagera une odeur désagréable, produite par un dégage-
ment d'ammoniaque : les zincs seront devenus minces et
fragiles et seront recouverts de petites bulles d'hydrogène.
Les vases poreux, lorsqu'on les renversera, laisseront cou-
ler de l'eau en abondance. Tous ces signes ne suffisent pas
cependant à donner la certitude de l'existence de la perte
de courant, puisqu'ils sont communs avec une pile depuis
longtemps en travail et mal soignée ; il faut, par conséquent, faire la preuve avec des appareils spéciaux, c'est-à-
dire avec un galvanomètre ou autre appareil équivalent. On
trouve d'ailleurs, dans le commerce, à des prix modérés,
des boussoles qu'on appelle *type suisse*, et qui peuvent
servir dans d'autres circonstances encore, quand on sait les
employer. On peut profiter aussi de la sensibilité de la langue au courant électrique le plus faible, pour rechercher
ces fuites ; mais nous croyons qu'il ne faut pas employer
ces pratiques empiriques et même désagréables quand

l'industrie nous fournit à bon marché un appareil construit expressément dans ce but.

Cette boussole est donc mise en série avec un des fils de ligne : l'aiguille déviera alors plus ou moins fortement, selon l'importance de la dérivation (fig. 283).

L'emplacement du défaut une fois trouvé, il faut le localiser : pour cela, en commençant par la pile il faut suivre minutieusement les deux fils de ligne, pour voir s'il y a, en

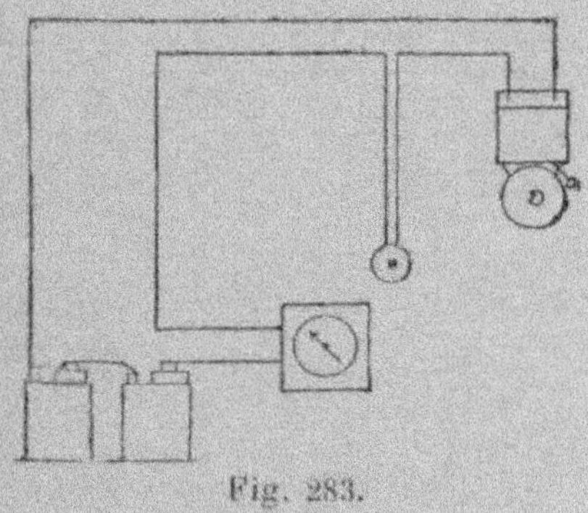

Fig. 283.

quelques points, un défaut d'isolement ; on examine si quelques joints sont à découvert ou dénudés, on inspecte de préférence les fils passant à travers les murs, parce que c'est dans cés endroits que les dégâts sont souvent dissimulés. On examine soigneusement les fils qui circulent le long des murs humides ou des parois métalliques : en remédiant aux défectuosités les moins apparentes, on réussit presque toujours à remettre l'installation dans ses conditions primitives de fonctionnement normal.

Il peut arriver que malgré l'examen le plus attentif, le défaut ou la fuite de courant échappe aux recherches, surtout s'il s'agit d'une installation assez étendue. Dans ce cas, il faut le localiser par essais successifs. En laissant la boussole en circuit, on commence par détacher les fils de la sonnerie, puis en avançant ensuite de celle-ci vers la pile, dans les points les plus suspects on coupe les fils de ligne jusqu'à ce qu'on voie la perte disparaître. On pourra alors conclure que celle-ci est dans la dernière section de fils coupés. Quand l'installation possède plusieurs dérivations allant, soit à d'autres boutons, soit aux sonneries, il faut détacher les fils de la conduite principale, parce qu'on a ainsi

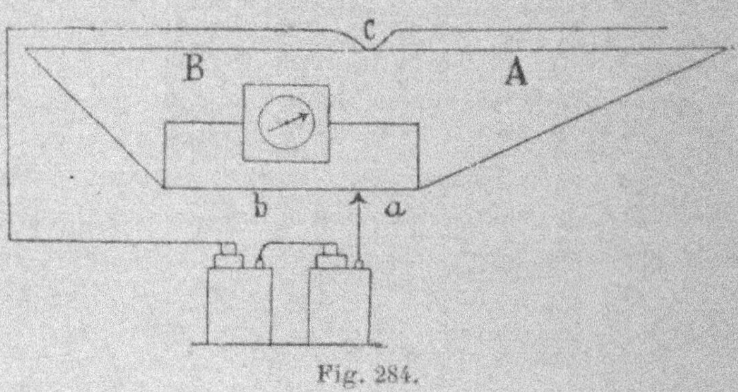

Fig. 284.

le moyen de savoir si le défaut est dans les sonneries ou dans les conducteurs.

Si l'installation est compliquée, il est nécessaire de procéder à la réparation séparant la ligne en plusieurs parties unitaires et d'essayer chacune séparément, à l'aide d'une pile auxiliaire.

Quand on a reconnu l'existence d'une perte de courant dans un câble sous plomb, soit entre les deux conducteurs, soit au sol, la localisation de la fuite est si difficile qu'il est préférable, si le câble n'est pas trop long, de le changer entièrement. Si toutefois on voulait faire un essai, dans le premier cas, il faut établir un circuit comme dans le schéma 284. Les extrémités d'un conducteur du câble (en le supposant à deux fils) sont réunies à un nœud $a + b$, dont la longueur sera un sous-multiple de celle du câble et qui présentera une résistance considérable.

Sur ce nœud, on place en dérivation une boussole très sensible et on unit une pile au contact glissant et au second fil du câble. On construit ainsi un pont de Wheatstone et on aura l'équilibre électrique entre les deux circuits lorsque le contact mobile séparera le nœud en deux parties a, b,

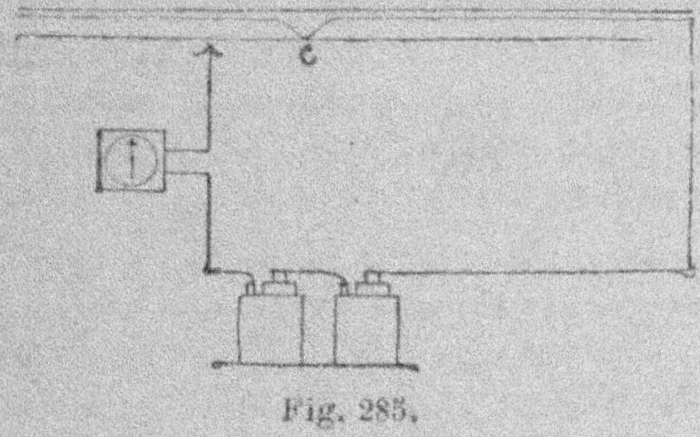

Fig. 285.

proportionnelles aux parties A, B, dans lesquelles le câble est séparé du contact C.

La résistance variable de ce contact n'a pas d'influence sur le résultat, parce que ce n'est pas sur un des côtés du pont qu'elle est placée, mais sur une des diagonales dans le résultat final. Il faudra toutefois tenir compte de la résistance des fils de raccord du nœud au câble.

Si la perte est au sol, on peut la localiser, en établissant un circuit comme dans la figure 285.

L'intensité du courant, et, par conséquent, la dérivation du galvanomètre, sera d'autant plus grande qu'en faisant glisser le fil sur le conduit de plomb, on s'approchera du contact défectueux C. Comme cependant la résistance de celui-ci peut varier d'un moment à l'autre, il faut prendre

la moyenne après une série d'essais et ensuite couper le
câble.

Nous n'ajouterons pas d'autres détails sur ce sujet : ces
essais, très rares, exigent des appareils très sensibles et des
connaissances étendues sur les phénomènes électriques,
faute desquelles il est préférable de ne faire aucun essai.
L'expérience et le bon sens d'un ouvrier valent, du reste,
mieux que tous les conseils, parce que ces défauts peuvent
se présenter et être réparés de plusieurs façons différentes
par des praticiens expérimentés.

En ce qui concerne les autres dégâts et réparations, nous
ne donnerons que quelques détails sommaires parce que
ces dégâts dépendent en général de quelques joints mal
faits, de ruptures de fils ou d'autres causes insignifiantes et
faciles à réparer.

Nous ajouterons plutôt à ces remarques quelques conseils
au sujet de la réparation des défauts propres aux appareils mi rotéléphoniques, en conseillant cependant de laisser ce travail très délicat aux mains des ouvriers expérimentés.

S'il se produit une interruption dans une sonnerie reliée
au téléphone, il faut s'assurer avant tout que la pile est en
bon état, ensuite, pour vérifier si la sonnerie fonctionne ré-
gulièrement, on l'essaie directement sur la pile.

Si la sonnerie et la pile se trouvent dans de bonnes conditions et qu'il n'y ait pas cependant de fonctionnement, il
faudra examiner les contacts du bouton d'appel, les vis des
bornes et celles intérieures. Bien souvent un coup de tour-
nevis et un nettoyage sommaire avec du papier de verre ou
émeri dans les contacts, suffisent pour remettre tout en ordre.

L'affaiblissement de la transmission de la voix peut pro-
venir aussi bien des mauvaises conditions de la pile que
du téléphone récepteur qui est déréglé. Pour y remédier,
il faut, dans le premier cas, remettre en bon état ou chan-

ger les piles; dans le second, il suffit de régler la vis centrale qui se trouve au fond du téléphone, en la rapprochant ou en l'éloignant de la membrane, selon le cas.

La membrane du récepteur doit être toujours parfaitement plane et si, pour une raison quelconque, elle s'était déformée, il faudrait la changer.

L'interruption complète de la parole est souvent causée par la rupture d'un des fils du cordon flexible. Pour s'en assurer, on réunit avec un morceau de fil la borne charbon-microphone avec la borne de ligne; ensuite, en mettant le té éphone à l'oreille et en frappant doucement avec le doigt sur la tablette du microphone, on doit entendre le bruit dans le récepteur. Si on n'entend rien, cela signifie qu'un des fils du cordon est brisé ou que quelque vis de servi:e est détériorée ou desserrée.

Parfois, ces défauts que nous avons mentionnés peuvent être causés par la déformation du châssis de bois de l'appareil, déformation produite soit par l'humidité so:t par la sécheresse. Dans ce cas, il est nécessaire de démonter et remonter complètement le téléphone en y apportant les remèdes convenables.

Le bruissement désagréable qu'on entend quelquefois dans le téléphone peut être causé par un mauvais contact dans les jonctions ou les connexions des fils ou simplement parce que l'on n'a pas bien serré les fils dans les bornes du téléphone. Il peut encore être produit soit par le mauvais isolement de l'installation, soit parce que la pile est en commun avec celle de l'installation des sonneries électriques, soit enfin par l'induction de fils tendus parallèlement à ceux de la ligne.

En conséquence, quand on est obligé de faire des installations avec lignes aériennes placées à proximité des lignes télégraphiques ou de lignes pour transport de force et afin d'éviter les courants nuisibles d'induction, il suffit d'employer deux fils de ligne sans recourir au sol pour le retour. Il se produit alors en chacun des conducteurs un courant d'induction de valeur égale, mais de sens opposé, et qui, par conséquent, s'annulent, et dont les effets fâcheux, auparavant reprochés à la transmission de la voix, disparaissent complètement.

FIN

TABLE DES MATIÈRES

ÉMILE COLIN ET Cie — IMPRIMERIE DE LAGNY

Encyclopédie industrielle

Accumulateurs électriques (Manuel pratique des), par CACHEUX. . . . . . 4 »
Aérostation (Manuel d'), par DE FONVIELLE. . . . . 5 »
Alcool (Fabr. de l'), par ROBINET et CANU 5 »
Alcools (Table d'augmentation et de réduction des), par DUSSERT 4 50
Aluminium, par AD. MINET, 2 vol.
  Fabrication 4 50
  Alliages, emplois récents 4 50
Ammoniaque (Fabr. de l'), par TRUCHOT. 6 »
Architectes et Entrepreneurs (Carnet Formulaires des), par C. SÉE, cart. . . . 4 50
Automobiles (Manuel du constructeur d'), par FARMAN, 1 vol. et atlas . . . . 9 »
Automobiles (Manuel du conducteur d'), par FARMAN. 4 50
Bière (Fabrication de la), par BOULIN. 9 »
Bois (Conservation des), par DUMESNY. 1 50
Bougies, Savons et Chandelles, par DROUX et LARUE, in-8 et atlas. . . . . 20 »
Boulanger (Manuel du), par E. FAVRAIS, in-8. . . . . 12 »
Catéchisme des chauffeurs-mécaniciens. 1 50
Chaux, Ciments, Plâtres, par LEJEUNE. 5 »
Chocolat (Fabr. du), par L. DE BELFORT. 4 50
Conserves alimentaires, par DE NOTER. 3 »
Corps gras, par VILLON . . . . . 5 »
Couleurs, Essences et Vernis, par R. LEMOINE et CH. DU MANOIR, in-8 . . . 6 »
Distillateur (Manuel du), par ROBINET. 5 »
Electricien (Manuel pratique du Monteur), par J. LAFARGUE, 700 fig., 8e édit. . . 10 »
Encres et Cirages (Fabrication des), par DESMAREST. . . . . 5 »
Filets de pêche (Fabrication des), par VANNETELLE. . . . . 3 »
Galvanoplastie, par LAURENCIN. . . . . 3 »
Galvanoplastie, Dorure, Argenture, par BRUNEL. . . . . 4 »
Laminage du fer, par NEVEU et HENRY, 1 vol. et atlas. . . . . 40 »
L'Or, par DE LA COUX. . . . . 5 »
Parfumeur (Guide du), par ASKINSON. 6 »
Prospecteur (Manuel du), par ANDERSON. . . . . 5 »
Radium (Le). Les Phénomènes radio-actifs, par J. ESCARD. . . . . 3 »
Savonnier (Manuel du), par CALMELS. 4 »
Soie (Fabrication de la), par VILLON. 6 »
Soie artificielle, par P. WILLEMS, in-8. 4 »
Sondages (Petit traité de), par E. LIPPMANN. 4 50
Sonneries électriques, par G. FOURNIER 2 50
Sucre (Manuel du fabricant de), par BOULIN. . . . . 6 »
Teinturier (Manuel pratique du), par J. HUMMEL et F. DOMMER. 7 50
Vernis (Manuel du fabricant de), par CH. COFFIGNIER . . . . . 5 »
Vinaigre (Fabrication du), par CH. FRANCHE. 4 50
Vins rouges, Vins blancs, etc., par ROBINET. . . . . 5 »
Vins mousseux, par ROBINET . . . . . 5 »
Vins (Analyse des), par ROBINET . . . . . 5 »

Petite Encyclopédie d'agriculture

Douze volumes, 500 figures, par MM. RIGAUX, LARBALÉTRIER-LEGRAND et MÉNIL.

1. Les Engrais. 1 50
2. Le Drainage. 1 50
3. L'Elevage du Bétail. 1 50
4. Légumes et Fleurs. 1 50
5. Le Lait, le Beurre et le Fromage. 3 »
6. Machines agricoles. 1 50
7. Les Céréales et les Fourrages. . 1 50
8. Les Arbres fruitiers et la Vigne. 3 »
9. Le Cidre et le Poiré 1 50
10. Les Volailles, Lapins et Abeilles. 1 50
11. Conservation des Fruits, Légumes, Viandes, etc. . . . . . 3 »
12. Distilleries agricoles. . . . . . 3 »

Manuel de l'Ouvrier Mécanicien

Huit volumes avec 870 figures

par M. G. FRANCHE, (A. et M., E. C. P.)

1. Mécanique générale. . . . . . 2 »
2. Outils, Machines-Outils . . . . . 2 »
3. Forge, Fonderie. . . . . . 2 »
4. Engrenages, Transmissions. . . 2 »
5. Boulons, Rivets, Chaudronnerie. 2 »
6. Machines à vapeur. . . . . . 2 »
7. Moteurs à gaz, pétrole et alcool. 2 »
8. Hydraulique. . . . . . 2 »

Encyclopédie de l'Amateur photographe

Dix volumes avec 600 figures, par MM. BRUNEL, CHAUX, FORESTIER et REYNER.

1. Choix du matériel, Laboratoire. 2 »
2. Le Sujet, Temps de pose. . . . . 2 »
3. Les Clichés négatifs. . . . . . 2 »
4. Les Epreuves positives . . . . . 2 »
5. Les Insuccès de la retouche. . . 2 »
6. La Photographie en plein air . . 2 »
7. Le Portrait dans les appartements. 2 »
8. Agrandissements et Projections. 2 »
9. Les Objectifs et la Stéréoscopie. 2 »
10. La Photographie en couleurs. . 2 »

Manuel de l'Apprenti et de l'Amateur électricien

Cinq volumes avec 500 figures

par MM. MARIE, ZÉDA et DE GRAFFIGNY.

1. Principes d'électricité. . . . . . 2 »
2. Sonneries électriques. Paratonnerres 2 »
3. Téléphonie publique et privée. . 2 »
4. Tramways et Chem. de fer électr. 2 »
5. Eclairage électr. dans les appart. 2 »

9 782329 261003